科技创新文库

科研院所科技成果转化路径与案例

李骞　雷柏茂　杨颖坤　著

SPM 南方传媒 | 广东经济出版社
·广州·

图书在版编目（CIP）数据

科研院所科技成果转化路径与案例 / 李骞，雷柏茂，杨颖坤著. -- 广州 ：广东经济出版社，2025. 6. -- ISBN 978-7-5454-9676-5

I. G322

中国国家版本馆 CIP 数据核字第 2025YV6032 号

责任编辑：刘　燕
责任校对：黄思健
责任技编：陆俊帆
封面设计：奔流文化

科研院所科技成果转化路径与案例
KEYAN YUANSUO KEJI CHENGGUO ZHUANHUA LUJING YU ANLI
出 版 人：刘卫平
出版发行：广东经济出版社（广州市水荫路 11 号 11 ～ 12 楼）
印　　刷：广东虎彩云印刷有限公司
（广东省东莞市虎门镇黄村社区厚虎路 20 号 C 栋一楼）

开　　本：730mm×1020mm　1/16
印　　张：8.625
版　　次：2025 年 6 月第 1 版
印　　次：2025 年 6 月第 1 次
书　　号：ISBN 978-7-5454-9676-5
字　　数：131 千字
定　　价：68.00 元

发行电话：（020）87393830
如发现印装质量问题，请与本社联系，本社负责调换编写组：

李　骞　雷柏茂　杨颖坤　吴金珂

陈冰清　朱孟孟　邓艺涛　蔡　婕

前　　言

在科技创新驱动发展的时代进程中，科研院所作为科技创新体系的关键主体，汇聚了卓越的科研人才与前沿技术资源，在各个领域发挥着不可替代的作用。科研院所不仅是新知识、新技术的摇篮，也是提升国家创新能力的重要支撑力量，为国家科技发展注入源源不断的活力。

科研院所产出的科技成果，是前沿科研智慧的高度凝练。从全新的方法突破，到实用的技术发明，这些科技成果覆盖信息技术、生命科学、材料科学等众多领域，为攻克社会发展中的难题、提高人类生活质量提供解决方案，对社会和人类进步具有深远意义。

科技成果的有效转化，是释放其巨大价值的关键途径。通过转化，科技成果从实验室走向产业一线，将知识转化为现实生产力，这在经济、社会、科研等维度具有重要意义。它不仅为企业带来新的发展机遇，提升企业竞争力，推动产业结构优化升级，还能促进科技资源的优化配置，激发科研人员的创新热情，形成科研与产业相互促进的良性循环。同时，它也从改善民生等方面满足人们对美好生活的追求。

本书按照“概述—政策梳理—评价方法—调研分析—经验总结—发展建议”的思路对科研院所科技成果转化路径与案例进行全面梳理和总结报告。首先，对科技成果转化的基本概念、现状和发展趋势进行阐述，对相关政策进行梳理总结，接着构建了覆盖技术、市场、知识产权、团队、转化前景等维度，面向成果转化的科技成果评价方法，然后以广州黄埔区这一科研院所创新发展和科技成果转化典型区域为对象开展调研分析，挖掘科技成果转化典型案例，总结科研院所科技成果转化在产学研用、科技金融、体制机制、专业服务、收益分配等方面的实践经验，最后从提升管理能力、创新运用工具、完善转化链条等方面，提出科研院所科技成果转化的创新发展建议。

目　　录

1 科研院所科技成果转化概述

1.1 科技成果转化的概念、过程体系、模式及类型

科技成果转化是连接科技创新与经济社会发展的关键环节，涉及技术研发、市场应用、产业化推进等多个复杂过程。本节将厘清科技成果转化所涉及的基本概念，并系统梳理科技成果转化的过程体系、模式及类型。

1.1.1 基本概念

1.1.1.1 科技成果

在界定科技成果转化范畴之前，有必要先明确科技成果的内涵。现有的各类研究从广义和狭义两个层面来理解科技成果。广义上，它涵盖了由科技活动产生的各类研究成果，涉及应用研究、软科学研究和基础理论研究；狭义上，则特指在研发过程中形成的成果。2015年修订的《中华人民共和国促进科技成果转化法》（简称《转化法》）是我国唯一一部以“科技成果”命名的国家层面的法律文件，对科技成果转化全过程进行了系统化、法律化的规范指导，并对相关问题予以清晰阐释。因此，本书所称的“科技成果”采用《转化法》第二条中的定义，即“通过科学研究与技术开发所产生的具有实用价值的成果”，它们具有下列特征：

第一，源于科学研究与技术开发的过程，包括人类在探索自然、与自然和谐共生的过程中所创造的一系列智力成果。

第二，承载着一定的实际应用价值，包括学术价值和社会价值。那些不具有应用价值的科技成果（如纯理论研究或基础性研究成果）不在本书讨论的范畴内。

第三，需得到专业领域的认定。

第四，其价值和应用常常受限于特定的时间范围，表现出明显的时效性。

第五，具有外部性特征，可能表现为正外部性，也可能表现为负外部性。外部性指的是科技成果的创造者无法完全获得其成果带来的全部收益或承担其成果的所有成本。正外部性指科技成果在为创造者和需求者等参与主体带来利益的同时，也可能通过技术外溢、被人模仿等方式为整个行业带来额外的益处。对于这类科技成果，政府相关部门应考虑提供税收减免或财政补贴等激励措施。负外部性则指科技成果在促进技术革新和经济增长的同时，可能造成环境破坏或带来其他负面效应。需要采取限制性或惩罚性措施以减轻这类科技成果的不良影响①。

1.1.1.2　科技成果转化

科技成果转化不仅是创新成果市场化的关键环节，也是促进科技与经济紧密结合的重要手段。科技成果转化的定义同样存在广义和狭义之分：广义的科技成果转化包含了从创意的萌生、科技成果的形成与推广，到最终应用于生产实践，转化为社会经济发展动力的整个链条和过程；狭义的科技成果转化则着重关注转化链的末端，即将技术成果转化为现实生产力，以实现经济与社会效益的过程。可以参考《转化法》的定义，即“为提高生产力水平而对科技成果所进行的后续试验、开发、应用、推广直至形成新技术、新工艺、新材料、新产品，发展新产业等活动”。其核心特点在于科技成果的首次商业化、产业化和普及化，那些仍处于研究阶段的内容或未形成具体成果的技术不包含在转化范围之内。这一过程往往是科技成果的创造者为了实现更大的经济效益，或科技成果的需求者为了改进、突破技术或创造新产品，主动与成果所有者建立联系，通过协议将成果应用于生产实践的经济行为②。

在国际领域，“科技成果转化”这一概念的使用并不普遍，通常使用

① 熊书芳.青海省科技成果转化能力评价研究[D].西宁：青海大学,2020.
② 魏玉媛.广东省科技成果转化政策文本内容分析研究[D].广州：华南理工大学,2020.

“技术转化”、“技术转移”（将技术成果由供给方转向接收方）或“学术成果商业性转化”（将科技成果转化成满足市场需求的产品或服务）等术语来描述类似过程。也有少数西方文献提到“科技成果转化”一词，将科技成果转化的过程视为“技术转移并作用于生产力的过程”或“科研成果商业化的过程”。同时，我国很多学者还试图通过研究国外技术转移政策，为我国相关政策的制定和实施提供一些经验和启发。比如《科技导报》曾发表两篇文章，其中《美国促进科技成果转化的政策》从宏观角度重点论述了20世纪80年代美国对科技政策的调整和完善，以及当前的进展情况和此后的发展趋势，提出了美国科技成果转化的可借鉴之处。《美国技术转移政策的要点及借鉴》研究了美国的技术转移政策，为我国技术转移提出了加强基础研究、适当前移工作重点、重视公共目标的实现、打造完善的技术转移生态体系这四点建议。借鉴西方发达国家科技成果转化政策制定的成功经验，是推动我国科技成果转化的必然选择。

1.1.2 科技成果转化过程体系

科技成果转化是一项复杂且持续的系统性工程，涉及成果价值评估、生产工艺改进、产品推广应用等诸多环节，且通常需要政府、研发机构、企业、中介机构、金融机构等多方主体参与。各主体彼此影响、相互制衡，共同构成一个动态的协作网络。在成果转化过程中的各个阶段，多种要素交织发挥作用，对各主体产生影响，进而影响转化效果；同时，转化效果又会反馈性地、潜移默化地影响要素的变化和发展。因此，科技成果转化工作应当从全局和系统的高度，统筹协调各类参与主体的成果转化相关活动，确保各类主体的协同效应得以最大限度地发挥[①]。

① 国家科技评估中心，中国科技评估与成果管理研究会. 科技成果转化工作指南[M]. 北京：北京理工大学出版社，2021.

1.1.2.1　主体业态

科技成果转化的主体可大致划分为供给方、需求方、公共服务方和市场服务方这四个类型。

（1）供给方

科技成果的创造者或者提供者这一主体是科技成果的供给方，通常指的是通过持续研究活动产生新发明或技术秘密的科研院所和高校。它们是科技成果产出的重要来源，同时也是推动科技成果转化的重要力量，通常通过转让、许可或作价投资等手段，将科技成果转移给企业或其他需求方。在某些情况下，企业或个人也可能成为科技成果的供给方。

（2）需求方

通常情况下，科技成果的接受方或需求方是企业。为了引入新技术、新工艺、新材料或是生产新产品，企业可能会购买或投资科技成果，进而推动成果的商业化和产业化。因此，企业是科技成果转化中最主要的需求方主体。企业由于直接参与市场，相较于高校和科研院所，能够更直接地接触用户，更敏锐地感知市场需求，更精准地洞察技术变化，更准确地判断产业发展趋势。从选择研发方向到实施项目，再到成果的最终应用，企业逐步成为科技成果转化过程的主导者。

企业可选择多种方式参与科技成果转化，以达到开发新产品或提升生产效率的目的。比如：自行发布需求信息或委托中介服务机构征寻所需的科技成果；独立或合作承担政府主导的科技研发和转化项目；与高校、科研院所等事业单位合作，联合实施科技成果转化；等等。

当前，在“两个大局”背景下，发展新质生产力成为推动高质量发展的内在要求和重要着力点，各级政府纷纷加大对科技创新的支持力度，逐渐成为科技成果的需求方。政府借助科技项目、招商引资等方式，征集所需的科技成果，加快科技成果向现实生产力转化，催生更多新产业、新模式、新动能，为加快发展新质生产力、推动经济高质量发展提供坚实的科技支撑。

（3）公共服务方

各级人民政府作为公共服务方主体，在成果转化的全过程发挥作用，在资金支持、政策规范、法律保障、人才培育、风险投资等方面起到调控和引导的作用，并提供多样化的公共服务。政府建立并完善科技报告制度和科技成果信息系统，向社会公布科技项目实施情况以及科技成果和相关知识产权信息，提供公益性质的科技成果信息查询和筛选服务，弥补信息不对称和市场失灵等不足。政府可通过采购、研发资助、发布产业技术指导目录、示范推广等方式对科技成果转化活动予以支持；还可组织实施重点科技成果转化项目，采用公开招标的方式，引导高校、科研院所参与实施转化。

（4）市场服务方

市场服务方主体主要包括各类技术市场及平台、科技中介服务机构以及科技金融机构等。这些主体负责连接供需双方，为科技成果转化及技术交易提供交易场所、信息平台，以及信息检索、信息加工与分析、技术评估、经纪、投融资等服务。供给方主体可在本单位设立负责科技成果转化工作的专门机构，也可对外委托市场化服务机构开展技术转移工作。

1.1.2.2 要素类型

（1）政策环境

法律法规既对科技成果转化活动进行限制和规范，又对其起到鼓励与扶持作用。一方面，要加强全方位的政策协同，从科技、财政、投资、税收、人才、产业、金融、政府采购、军民融合等多个维度不断完善科技成果转化的相关法律法规与政策体系，为科技成果转化营造良好的政策环境。另一方面，要加大法律法规与政策措施的执行力度，对落后的技术、工艺和设备进行改进、限制或淘汰，鼓励采用先进技术、工艺和设备。在国家总体方针基础上，地方政府还要根据本地区具体情况，研究制定并实施有利于科技成果有效转化的一系列措施，充分发挥好政策法规的规范和促进作用。

（2）机构与平台

科技成果转化机构与平台是科技成果转化过程中的重要载体，承载着科技成果管理、信息发布、信息对接、交易、后续的经营和支持等功能。这些机构与平台的功能完善度、专业化水平和运营管理能力，直接反映了科技成果转化服务体系的发展水平。

建设公共研发平台，可为科技成果转化提供技术集成、共性技术研发、中间试验和工业性试验、科技成果系统化和工程化开发、技术推广与示范等服务；建立科技企业孵化器、大学科技园等科技企业孵化机构，可为初创期科技型中小企业提供孵化场地、创业辅导、研发与管理咨询等服务；企业可与高校、科研院所等科研单位及其他组织采取联合建立研发平台、技术转移机构或者技术创新联盟等产学研一体化合作方式，共同开展研发、成果应用与推广、标准研究与制定工作。

（3）人才要素

高水平的科技成果转化人才队伍，是实现科技成果有效转化的核心力量。鉴于我国目前在科技成果转化专业人才方面的短缺，将相关领域的专业教育纳入正规教育体系并进行系统培养显得尤为迫切和重要。

除了扎实的基础知识，科技成果转化人才的成长同样依赖于实践经验的积累。高校、科研院所等科研单位可与企业及其他组织开展科技人员交流活动，根据专业特点、行业领域技术发展需要，聘请企业及其他组织的科技人员兼职从事教学和科研工作，支持本单位的科技人员到企业及其他组织从事科技成果转化活动。企业还可与研发机构、高等院校、职业院校及培训机构联合建立学生实习实践培训基地和研究生科研实践工作站，共同培养专业技术人才和高技能人才。

（4）资金要素

当前我国科技成果转化的资金主要来源于财政经费和社会资金两个方面，同一科技成果在转化的不同阶段可能获得来自不同投资方的资金支持。其中，财政经费的主要用途是引导资金、贷款贴息、补助发放和风险投资等。在合理安排财政资金投入的同时，还应为科技成果转化活动制定税收优惠政策，引导和鼓励各类市场化金融机构加大对科技成果转化的金融支持力度，力求实现资金来源多元化。

（5）数据要素

数据作为新型生产要素，构成了数字化、网络化和智能化的基石，并已迅速渗透到生产、分配、交换、消费以及社会服务管理等各个环节。5G、人工智能、大数据和区块链等新一代信息技术迅猛发展，它们为技术要素交易机制创新创造了条件。比如对科技成果进行精细的量化评估和深入的预测分析，从而为其评估定价提供有力支撑；网络基础设施的普及建设为构建现代技术交易平台提供了必要的前提条件，使得海量的科技成果供需对接信息得以实时处理，并通过即时竞价、撮合交易等方式，加快科技成果转化的市场化进程。因此，应进一步培育数据要素市场，推动技术要素与数据要素深度融合，发挥数据要素对技术要素市场效率的倍增作用，有效提升科技成果转化效率。

1.1.2.3 阶段划分

如果用经济学框架来阐释科技成果转化的流程，可以将其概括为供给和需求之匹配。图1-1展示了科技成果转化的三个主要阶段，分别是研发阶段、生产试验阶段和商品化、产业化阶段。

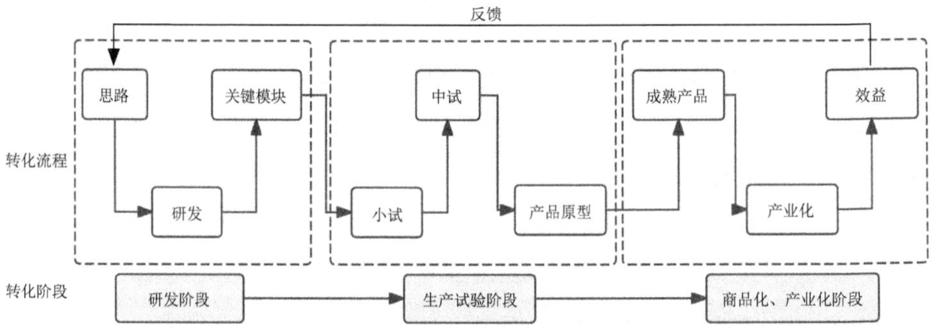

图1-1 科技成果转化的动态循环流程及阶段

研发阶段是理论向技术转化的阶段：在对基础理论进行研究论证后，结合市场前景和相关成果的发展趋势，初步制订研究计划，随后根据该计划，利用专业设备和人才资源开展技术研究，并开发出试验样品。在这一阶段，研发成果的先进程度主要取决于研发机构及其团队的技术水平，以及研发资金的投入力度。

在生产试验阶段，将根据上一阶段的研发成果和市场需求调整生产过程，并实施小批量的“中试”生产，在此期间可能产生专利、专有技术和产品。此阶段通常由企业或政府出资，由研发机构提供技术人才。

进入商品化和产业化阶段，企业将启动产品的大规模生产，并将产品投放到市场以获取实际效益。在此过程中，企业的生产效率、营销策略和市场拓展能力对科技成果的成功转化至关重要。该阶段资金需求量较大，企业通常需要自筹资金。在资金短缺的情况下，企业可通过银行贷款或融资来筹集所需资金。

值得注意的是，科技成果转化的过程并非一条直线，而是动态循环的。在科技成果成功转化为市场上所需的产品或服务后，仍需持续关注和分析市场动态，并及时反馈到基础研究阶段，以促进技术的持续改进和创新，进而开发出更有价值的产品。

1.1.3 科技成果转化模式①

经过多年探索与完善，发达国家在科技成果转化方面已经形成了较为成熟的体系。尽管各国各自有独特的科技成果转化模式，但若以主导转化过程的机构主体性质及其发挥的作用为区分标准，可以归纳出两种主流的、国际广泛采用的典型模式：一是高校、科研院所与企业开展合作研究的模式，即俗称的美国模式；二是企业引导合作与转化的模式，即日德模式。

① 李坤.知识产权体系下国有科研机构科技成果转化机制研究：以中国科学院为例[D].北京：中国政法大学，2021.

1.1.3.1 以投行作为科技成果转化平台的美国模式

在美国，科技创新活动往往依托高校进行，科技成果转化则由社会化组织和机构（例如投资银行、企业等）主导。如图1-2所示，许多在大学中孵化的新技术和创新成果，通过投资银行的推广在股票市场进行融资并上市，这不仅为科技创新提供了持续的资金支持，也为参与各方提供了经济效益和退出机制。以互联网为例，这一模式起源于20世纪60年代，最初是美国国防部高级研究计划局（DARPA）支持的多个大学参与的研究项目ARPANET。到了20世纪90年代初，克林顿政府将其定位为美国经济增长的新引擎。互联网迅速成为资本市场的焦点，孕育了诸如Facebook（2021年10月更名为“Meta”）、Twitter（2023年7月更名为“X”）、eBay、Amazon等至今仍对人们的日常生活产生深远影响的全球经济巨头。这一变革不仅彻底重塑了美国的经济格局，也对包括中国在内的新兴市场产生了深远影响，催生了阿里巴巴、腾讯、百度等中国互联网行业的领军企业。

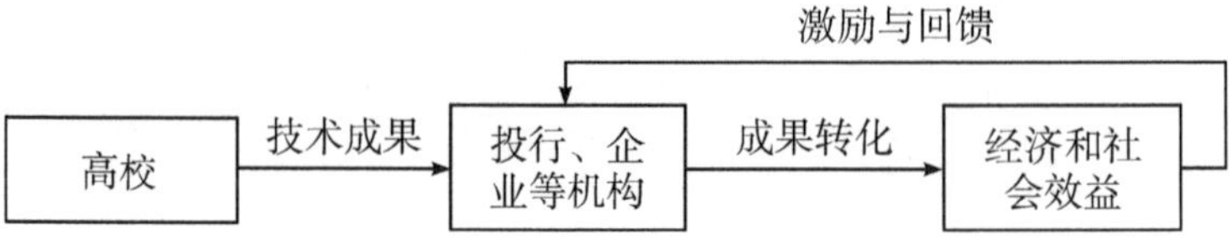

图1-2 美国科技成果转化模式

1.1.3.2 强调产学研一体化合作方式的日德模式

不同于美国的科技成果转化模式，日本和德国采用了另一种策略，致力于构建以企业为核心的创新体系。在日本和德国，企业是科技成果转化的核心力量，它从自身对市场的需求出发，与大学紧密合作以推动科技创新与成果转化，加强产学研一体化，从而提高科技成果的产出和转化效率。过去，学术界与产业界的合作研究多在大学内部进行，由高校教师和企业研发人员围绕共同关注的课题，利用大学的设施设备等进行合作研究；企业不仅要给大学合作研究支付费用，还需承担包括酬劳、耗材、差旅费等在内的直接研究成本，研究成果则由双方共享。而自1997年起，日本政府调整了政策，将产学研合作的基地转移到企业内部，并放宽了对国立和公立大学教师在企业兼职的法律约束，使得产学研合作更加聚焦于企业的实际需求，强化了产业界的参与度，从而增强了企业的创新和研发能力①。在这一模式下，企业在科研活动中扮演了更为活跃的角色，其角色相当于美国模式下的高等院校。

一方面，日本和德国的大学在科技前沿和尖端领域的整体科研实力及学术影响力方面，与美国相比仍有差距。两国的资本市场在发展水平、影响范围和力度上也不及美国，依赖投资银行等机构来支持科技成果转化的效果并不理想。另一方面，日本和德国的企业以其技术实力和全球声誉而闻名，它们拥有强大的研发能力、雄厚的财力和强烈的社会责任感，能够胜任科技成果转化这一重任。此外，日本企业是日本政客的主要资助方，在政治领域拥有显著的影响力，有助于推动这种模式的形成②。因此，日本和德国在实践中采取了紧密结合生产（企业）和学术研究（高等院校）的科技成果转化模式，更多地依靠实体经济的推动力，以促进科技的进步和发展（图1-3）。

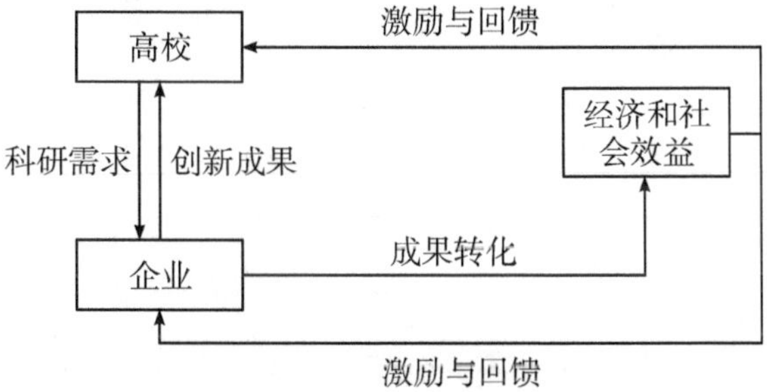

图1-3　日本和德国的科技成果转化模式

1.1.3.3　西方国家不同科技成果转化模式的利弊

从客观角度来看，不同的科技成果转化模式并无绝对的好与坏，它们各自具有独特的优势和局限性。各国应根据自身的具体情况来选择最适宜的模

① 黄楠.促进科技成果转化的机制研究：产学研合作的模式与问题分析[D].上海：复旦大学,2009.

② 同上.

式。在美国模式下，高校在科技创新阶段扮演核心角色，而投资银行则在科技成果转化阶段发挥主导作用。与此相比，日德模式中，企业和高校共同构成科技创新的主体，其中企业的作用尤为显著，科技成果转化主要通过企业的市场化操作来实现。在这一模式中，金融机构如投资银行的作用和影响力远不及美国模式那么大。因此，在资本市场的表现上，美国模式也比日德模式更为突出。然而，这两种模式也有共同之处，即尽管西方国家也存在一些国有科研机构，但它们在重要性、实际作用、参与科技成果转化的程度以及对社会的影响力方面，都无法与中国特有的国有科研机构相提并论。这一点构成了西方国家科技成果转化模式与中国模式之间最根本的区别。

1.1.3.4 中国科技成果转化模式

在改革开放之前，中国的科技创新主要遵循苏联的模式，科研活动大多在被国家严格控制的国有科研机构内进行，科技成果的转化主要依赖于国家的重大项目。高等教育机构主要负责学生的教育任务，而国有企业则专注于本行业的生产制造，并对技术改进项目进行有限的投资。

改革开放之后，尤其在2001年加入世界贸易组织之后，中国在探索多种模式的过程中，开始明显地以美国为学习对象，对科技成果转化模式进行调整。在这一过程中，中国适度缩减了国有科研机构的规模，并为高校的科技创新提供了优惠政策和资源（包括资金、项目和人才），从而为科技创新和成果转化注入了强劲动力。在大力发展高等院校科技创新与成果转化的同时，原有的国有科研机构仍然得到了保留。得益于后发优势，高校下属的科研机构在科技成果转化方面的表现超过了国有科研机构。此外，国有企业也开始参与创新活动，最终形成了一个融合美国模式、苏联模式和日德模式的具有中国特色的科技成果转化模式。

1.1.4　科技成果转化类型

科技成果转化有多种分类方式，包括但不限于按照转化主体分类、按照转化领域分类以及按照转化方式分类，每一种分类都有其特点和适用范围。

按照转化主体划分，科技成果转化可以分为政府推动型转化、科研机构主导型转化和企业主导型转化。政府推动型转化通常涉及政府资助的科研项目，政府通过资金投入、政策扶持等方式推动科技成果的转化和应用。政府推动型转化可以发挥政府的引导和扶持作用，促进科技成果的快速转化。科研机构主导型转化则以科研机构为主体，通过自主研发或与企业合作的方式，将科技成果转化为实际生产力，可以充分发挥科研机构的研发优势和技术积累优势。企业主导型转化中，企业根据自身发展需求，主动寻求与科研院所或高校的合作，引进和消化科技成果，以提升企业竞争力。企业主导型转化更能体现市场需求和企业发展战略的导向作用。

按照转化领域划分，科技成果转化可以分为工业科技成果转化、农业科技成果转化和医学科技成果转化等。工业科技成果转化主要涉及新技术、新工艺、新材料等在工业生产中的应用和推广。农业科技成果转化关注农业新品种、新技术、新设备等在农业生产中的应用和推广。医学科技成果转化则聚焦于医疗新技术、新药物等在医疗服务和健康管理领域的应用和推广。

按照转化方式划分，根据《转化法》第十六条的归纳，科技成果转化有六种方式：自行实施、转让、许可、合作实施、作价投资和协商确定的其他方式。第一种，自行投资实施转化，由科技成果持有人自行出资实施科技成果转化，取得的收益全部归投资者所有，也就是科技成果的持有者和转化者都是同一个人，比较常见的方式是科技成果持有人创办企业（以往是校办企业）。目前，相关政策要求高校与下属公司剥离，校办企业将面临转型，这给自行实施这种科技成果转化方式带来一定影响。第二种，向他人转让科技成果，通过技术转让合同处置科技成果权，一般是指科研机构将其技术成果转交给企业，以实现产业化。在这个过程中，科研院所或高校作为技术的提供者，将其研发的新技术或新工艺等成果转交给企业，企业则负责进一步的产业化开发和市场推广。转让的优势在于能够迅速将技术成果转化为商业产品，从而推动产业的增长。然而，这一方式也面临挑战，包括技术转移过程中的信息不透明、技术评估的困难以及利益分配的问题。第三种，许可他人使用该科技成果，可通过技术许可合同来实现。与成果转让相比，技术许可保留了科研院所对技术成果的所有权，而企业则获得了在特定时间和范围内使用这些技术的权利。这种方式的优势在于能够减少企业获取技术的成本，且科研院所也能通过授权费获得持续的经济利益。但与此同时，技术授权模式也可能面临授权期限的限制和因技术更新迭代需重新授权的问题。第四种，把科技成果作为与他人共同实施转化的合作条件，此时持有人属于转化人之一，将科技成果与他人共享。这本质上是高校和科研院所将其科技成果以无形资产的形式出资成立新公司或以合作的方式增资到其他公司的合作转化方式，是指科研院所授权企业使用其技术成果，并因此获得一定的授权费用，但这种合办企业的方式也受校企剥离政策的影响。第五种，以科技成果作价投资，折算股份或出资比例，即科技成果所有者向企业投入知识产权，作为获得企业股权的资本。作价入股后，科技成果的所有权转移至被投资企业，所有者则获得相应的企业股权，并将该成果纳入被投资企业的无形资产中。在这种方式下，科研院所和企业之间建立了更为紧密的伙伴关系，共同面对研发和产业化过程中的风险与回报。技术入股的优势在于能够激发双方的积极性，推动技术成果的深入开发和广泛应用。然而，这种方式也涉及股权分配和公司治理结构的调整等一系列问题，需要双方进行深入协商和精心规划。第六种，协商确定的其他方式，主要涵盖开发、咨询、服务等内容，可通过签订技术合同来实现①。

不同类型的科技成果转化方式具有各自的优势和适用范围。例如，技术转让方式可以快速地将科技成果转移到需要的企业或区域，促进科技成果的

① 韩婷婷，刘旭丹，徐姗，等. 基于科技成果转化的六种方式探索赋权工作的实施路径[J]. 黑龙江科学，2024，15(9)：27-30，33.

广泛应用；技术许可方式则可以在保留所有权的前提下实现科技成果的商业价值；而作价投资方式则可以更紧密地绑定科研机构与企业的利益，使其形成长期稳定的合作关系。

在实际操作中，应根据具体情况选择合适的科技成果转化方式。例如，对于市场前景广阔、技术成熟度高的科技成果，可以采取转让或许可的方式进行转化；对于需要深入研发和市场培育的科技成果，则可以考虑作价投资的方式。同时，政府、科研机构和企业等各方应加强沟通与协作，共同推动科技成果的转化和应用。

1.2 我国科技成果转化现状和发展趋势

1.2.1 全国科技成果转化现状和发展趋势

1.2.1.1 经费投入情况

近年来，各级政府与社会各界不断加强对科技创新事业的重视，科技经费投入也随之持续增加。根据国家统计局《全国科技经费投入统计公报》的统计数据[①]，本书对2018—2022年全国投入的研究与试验发展（R&D）经费及其在各个活动主体上的分配情况进行了整理，详细内容见图1-4。

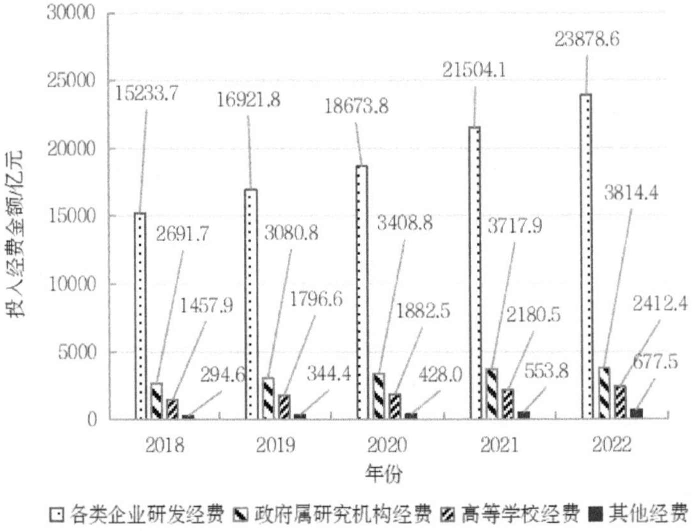

图1-4　2018—2022年全国研究与试验发展经费投入及其分配情况

① 2022年我国R&D经费突破3万亿元　与GDP之比达2.55%[N].中国信息报,2023-01-29(1).

由图1-4可知，2018—2022年，我国科技经费投入力度持续加大，并保持较快增长。不仅总体投入持续增多，各类活动主体的投入力度也持续加大。

1.2.1.2 技术合同交易情况

随着营商环境的改善和成果转化相关制度的日益成熟，企业作为技术市场的主导力量，其内在活力得到持续释放。如图1-5所示，2021年，企业在技术合同交易额中的贡献率达到了92.6%。同年，高校和科研院所在技术合同交易额中所占的比重分别为2.1%和3.3%，虽然占比相对较小，但它们在增长速度方面表现出色，分别实现了33.3%和48.5%的同比增长。与前一年相比，2021年高等院校和科研院所在技术合同交易额中的贡献率基本保持稳定。[①]

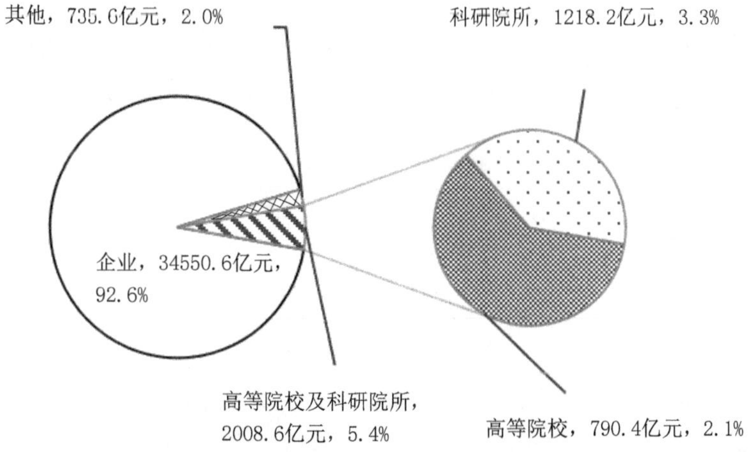

图1-5 2021年各技术主体在技术合同交易额中的贡献率

截至2024年上半年，企业仍是技术交易领域最为活跃的主体，上半年输出24.3万项技术合同，交易额达到24614.7亿元，占全国技术合同交易总额的91.0%；同时，企业吸纳技术合同21290.5亿元，占全国合同交易总额的78.7%。值得关注的是，2024年上半年，我国与境外企业的技术合作势头强

① 贾敬敦，吕先志.2022全国技术市场统计年报[M].北京:科学技术文献出版社,2022.

劲，境外企业购买技术金额达到1622.8亿元人民币，同比增长62.4%[①]。这反映出我国科技创新能力的提升、科技领域国际合作的深化，同时也代表着国际社会对我国科技创新成果的认可度和信任度的提高。

1.2.1.3 全国科技成果转化的热点领域

当前，我国科技成果转化的重点集中于先进制造、城市建设与社会发展以及电子信息等领域，三者的技术合同交易额合计占全国技术合同交易总额的53.3%。2024年上半年，先进制造领域的技术合同成交数量为6.4万项，交易额达4912.4亿元，位居各领域之首，占全国技术合同交易总额的18.3%；城市建设与社会发展相关的技术合同以4862.2亿元的成交额排名第二，占比18%；电子信息领域的技术合同交易额则为4692.1亿元，占比17.3%。这些领域与国家的发展战略紧密相关，如“中国制造2025”、新型城镇化、信息化建设等，国家政策的倾斜和支持加速了这些领域的成果转化[②]。此外，农业、航空航天、新能源与高效节能、生物医药和医疗器械等领域的技术合同交易额自2016年以来也保持着不同程度的增长，这些都是市场需求、技术水平、产业基础、社会关注度、人才培养、政策环境等因素综合作用的结果。

1.2.1.4 全国科技成果转化区域现状

从区域视角出发，我国除东北地区之外的各区域技术合同交易额均呈增长态势。尤其是东部地区，其输出与吸纳技术合同交易额分别占全国技术合同交易总额的61.2%和55.0%[③]，表现出强大的技术辐射扩散能力。其中，北京和广东分别是我国最大的技术合同交易输入地和最大的技术合同交易吸纳地[④]。然而，如图1-6、图1-7所示，中西部地区在技术合同交易的存量上仍然

① 工业和信息化部火炬高技术产业开发中心.2024年上半年全国技术市场交易快报[EB/OL].(2024-07-23)[2024-09-06].http://www.ctp.gov.cn/jssc/tjjb/202407/6a49c9088075481391f78ad840eb0517.shtml.

② 同上.

③ 贾敬敦,吕先志.2022全国技术市场统计年报[M].北京:科学技术文献出版社,2022.

④ 同①.

相对较弱①，这反映出我国科技成果交易在不同地区之间存在不均衡现象。

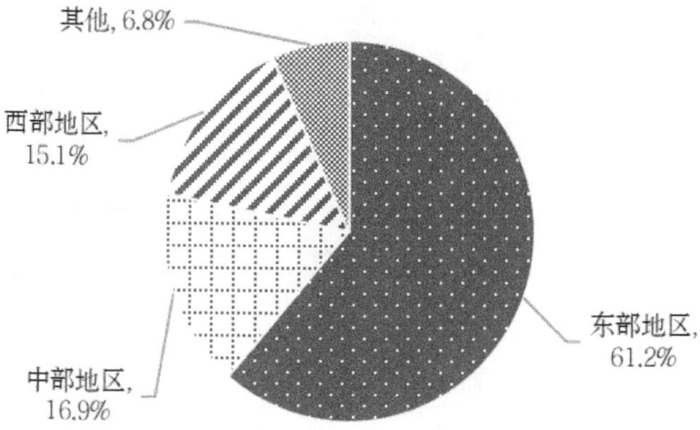

图1-6 我国各区域输出技术占比

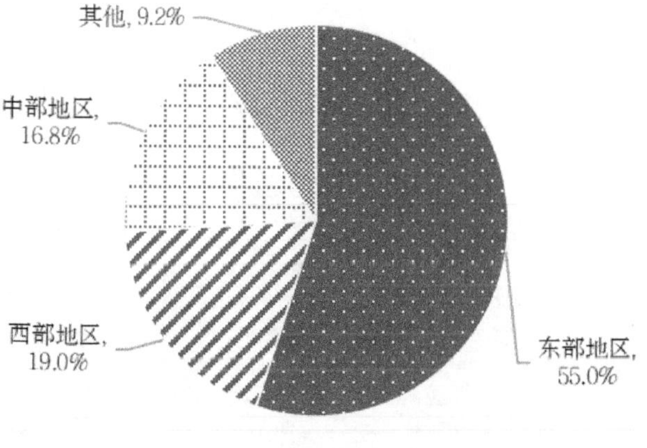

图1-7 我国各区域吸纳技术占比

① 贾敬敦, 吕先志. 2022全国技术市场统计年报[M]. 北京:科学技术文献出版社, 2022.

1.2.2　科研院所科技成果转化现状和发展趋势

1.2.2.1　合同交易情况

科研院所是本书讨论的主要对象，也是科技成果转化的重要参与主体。图1-8呈现了2017—2021年我国科研院所科技成果转化的技术合同项数与合同金额的变化趋势[①]。可以看到，总合同项数与总合同金额在2018年均有所下降，此后三年则实现了这两项的逐年上升，并逐步超越2017年的水平。然而，尽管2019—2021年总合同金额和总合同项数均有所增加，但平均每项合同的合同金额总体上变化幅度不大，分别是16.2万元/项、17.5万元/项和16.9万元/项。

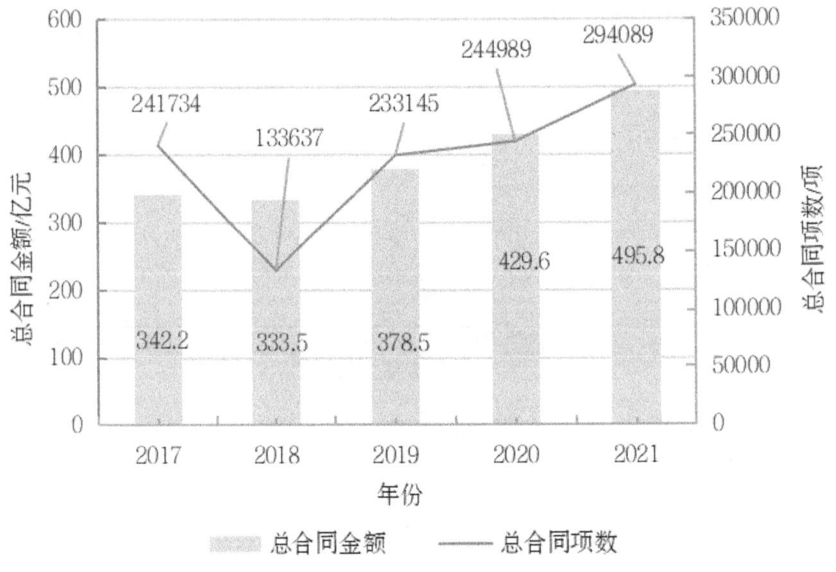

图1-8　2017—2021年科研院所科技成果转化的总合同金额及总合同项数

从合同金额看，目前我国科研院所科技成果转化最主要的方式是技术开发、咨询、服务（均属于本书1.1.4节中提到的“协商确定的其他方式”），其金额明显高于成果转让、技术许可、作价投资。具体数据见图1-9。

① 中国科技评估与成果管理研究会，科技部科技评估中心，中国科学技术信息研究所. 中国科技成果转化年度报告2022：高等院校与科研院所篇[M]. 北京：科学技术文献出版社，2023.

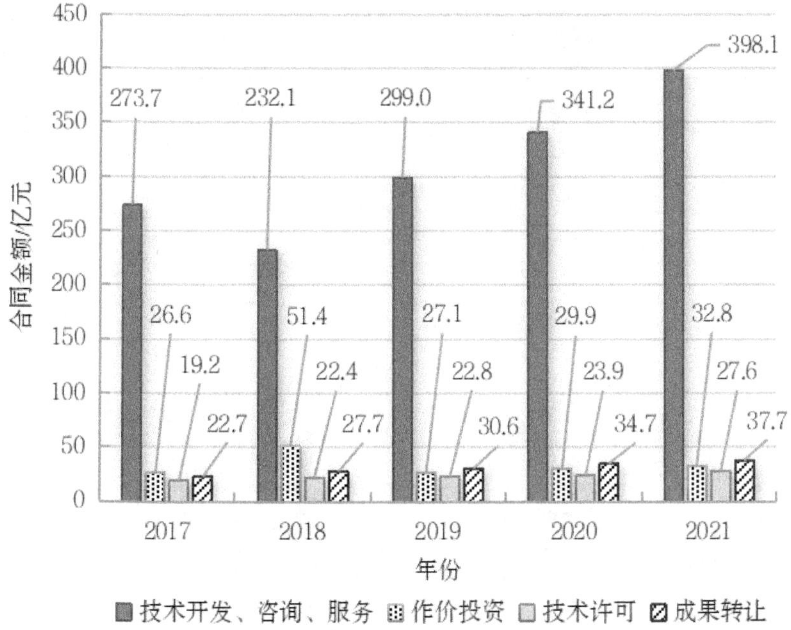

图1-9　2017—2021年科研院所不同科技成果转化方式的合同金额

1.2.2.2　重点地区与典型单位

从科研院所所在地维度来看，2021年科技成果转化总合同金额排名前三的省份分别为北京市（140.9亿元）、广东省（59.6亿元）、上海市（45.9亿元），总合同项数排名前三的省份分别为广东省（162368项）、浙江省（24681项）、北京市（23452项）[①]。

具体到高价值的成果转化，2021年科研院所大额成果转化项目数略有增长。单项合同金额大于或等于1亿元的成果有18项（表1-1），大于或等于5000万元的成果有57项，大于或等于1000万元的成果有424项。有116家科研院所2021年科技成果转化总合同金额超过1亿元，与上年科技成果转化总合同金额破亿元的科研院所数量基本持平[②]。

① 中国科技评估与成果管理研究会，科技部科技评估中心，中国科学技术信息研究所．中国科技成果转化年度报告2022：高等院校与科研院所篇[M]．北京：科学技术文献出版社，2023.

② 同上.

表1-1　2021年科研院所科技成果转化单项合同金额1亿元及以上的成果分布

序号	科研院所	转化方式	合同项数/项
1	中国科学院上海药物研究所	成果转让	2
2	中国科学院长春光学精密机械与物理研究所	作价投资	1
3	中国科学院微生物研究所	技术许可	1
4	中国科学院金属研究所	成果转让	1
5	中国科学院合肥物质科学研究院	作价投资	1
6	中国科学院动物研究所	技术许可	1
7	上海市公共卫生临床中心	成果转让	1
8	中国工程物理研究院总体工程研究所	技术开发、咨询、服务	2
9	山东省药学科学院	技术开发、咨询、服务	1
10	中国科学院大连化学物理研究所	技术开发、咨询、服务	1
11	深圳华大生命科学研究院	技术开发、咨询、服务	1
12	之江实验室	技术开发、咨询、服务	1
13	浙江省海洋水产研究所	技术开发、咨询、服务	1
14	广东省水利水电科学研究院	技术开发、咨询、服务	1
15	青岛市勘察测绘研究院（山东省城市测量GPS工作站、青岛市基础地理信息与遥感中心）	技术开发、咨询、服务	1
16	清华大学天津高端装备研究院	技术开发、咨询、服务	1

1.2.2.3　机构设置

总的来说，科研院所在科技成果转化机构设置方面的参与度和活跃度呈上升趋势。根据《中国科技成果转化年度报告2022：高等院校与科研院所篇》，自行设立成果转化机构的科研院所数量有所增长，科研院所与市场化科技成果转化机构的合作总体加强，科研院所与企业共建的研发和转化服务平台数量自2018年以来不断增长，显示出双方在科技创新和产业应用方面的紧密合作，以及对促进科技成果商业化和产业化的重视①。

（1）科研院所自建

截至2021年底，自行设立科技成果转化机构的科研院所数量已经增加至

① 中国科技评估与成果管理研究会，科技部科技评估中心，中国科学技术信息研究所．中国科技成果转化年度报告2022：高等院校与科研院所篇[M]．北京：科学技术文献出版社，2023.

279家，占科研院所总数的比例从2020年底的11.4%增加到12.9%。这279家科研院所累计自行建立了428家成果转化机构，数量同比增长29.4%（图1-10）。

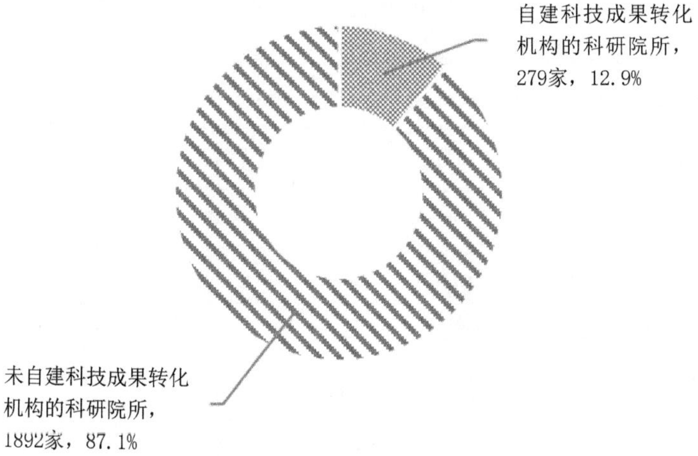

图1-10　自建科技成果转化机构的科研院所数量及占比情况（截至2021年底）

（2）与市场化科技成果转化机构合作

到2021年底，已有349家科研院所与市场化科技成果转化机构合作开展科技成果转化，占科研院所总数的16.1%，比上年同期增长6.8%（图1-11）。这些科研院所累计与1454家市场化科技成果转化机构以合作形式开展了科技成果转化活动，这一数字与上年相比增加57.5%。

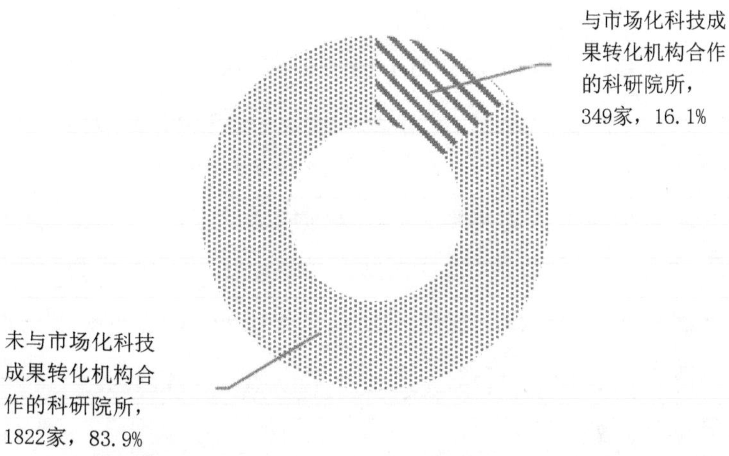

图1-11　与市场化科技成果转化机构合作的科研院所数量及占比情况（截至2021年底）

（3）与企业共建研发机构、转移机构、转化服务平台

图1-12展示了由科研院所与企业共建的研发机构、转移机构、转化服务平台数量变化趋势。到2021年底，其数量已达1960个，同比增长19.1%，这种合作有利于提高科技成果转化效率及研发资源供需匹配的精准度。

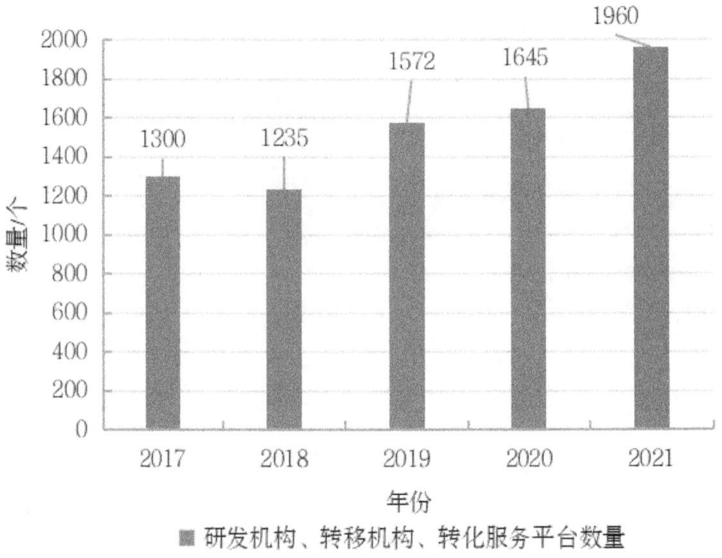

图1-12　2017—2021年科研院所与企业共建的研发机构、转移机构、转化服务平台数量

1.2.2.4　人才建设

截至2021年底，有891家科研院所配备了专门负责科技成果转化工作的人员，这一数字相较于2020年增加了10.0%，表明越来越多的科研院所开始重视并投入资源于科技成果转化。超过四成的科研机构已经建立了专门的科技成果转化团队或岗位，推动科技成果的商业化和产业化。同年，在科研院所中专职从事科技成果转化的人员数量达到7667名，连续五年实现人数增长（图1-13）。

兼职从事科技成果转化和离岗创业人员数量在2018年小幅下降后连续三年上升，这既得益于科研人员对于科技成果转化积极性的提高，也是国家相关支持政策不断完善的结果。

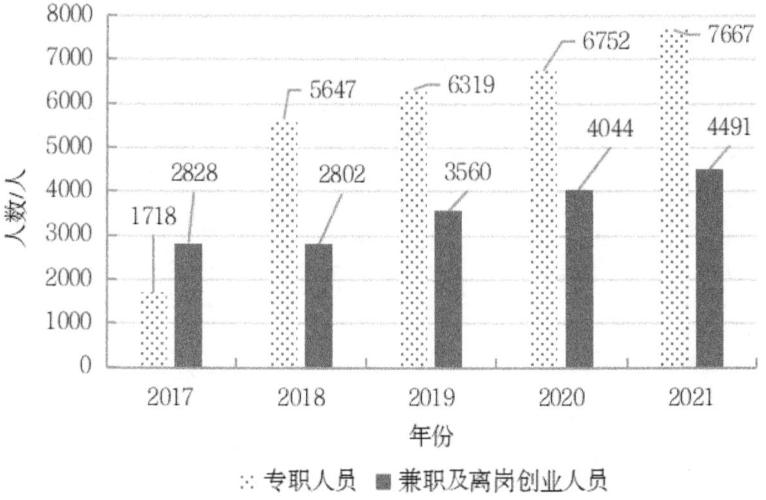

图1-13　2017—2021年科研院所从事科技成果转化工作的人员数量

2 科技成果转化政策梳理

2.1　我国科技成果转化相关政策

近年来，随着我国科技成果转化工作的推进，国家和各省（区、市）出台了一系列相关政策和措施，从多个维度发力，构建了促进科技成果转化的完整政策体系，整体架构见图2-1。

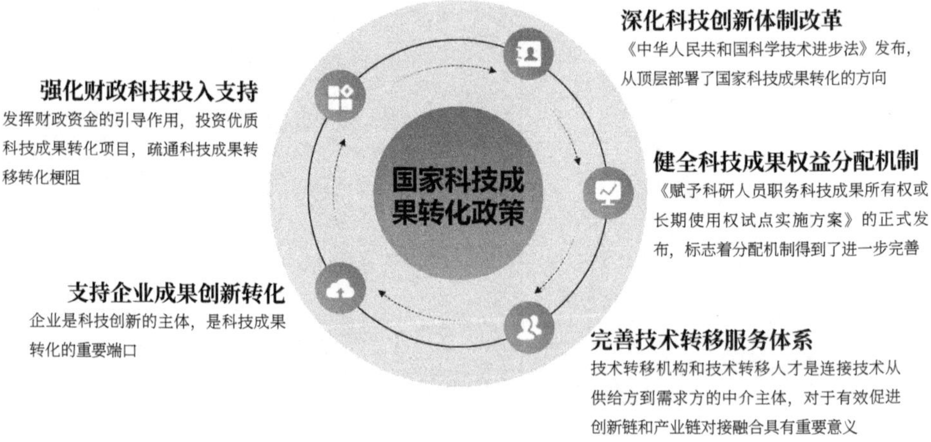

图2-1　我国科技成果转化政策体系

2.1.1　深化科技创新体制改革

2021年，《中华人民共和国科学技术进步法》通过第二次修订，其从顶层部署了国家科技成果转化的方向，明确深入推进科技创新体制改革，加大科研投入力度，完善科技人员管理制度，并在提升科技人员激励水平、解决科技型企业融资难题、强化区域科技创新、完善相关法律责任等方面作出了规定（图2-2）。新修订的《中华人民共和国科学技术进步法》强调了科技成果转化的重要性，提出促进基础研究和应用研究、创新链产业链深度融合、推动科技成果熟化和产业化、完善成果转化制度、加强技术转移机构和人才建设、探索职务科技成果所有权或长期使用权等举措，明确了科技创新体制改革、科技成果转移转化的发展方向。

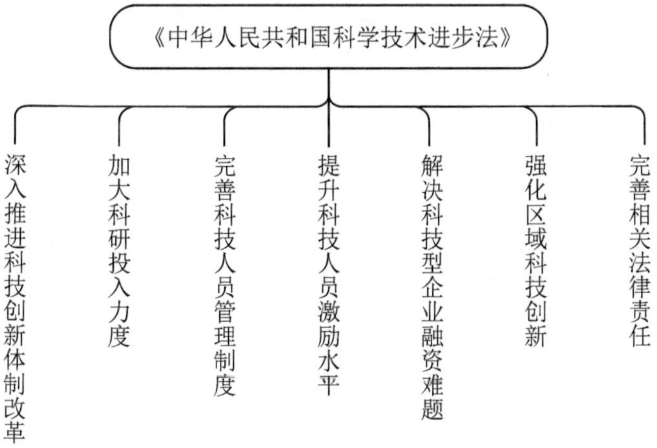

图2-2　《中华人民共和国科学技术进步法》成果转化举措

在技术要素市场化配置上，继《关于构建更加完善的要素市场化配置体制机制的意见》①《建设高标准市场体系行动方案》②发布后，国家持续推进市场化改革。2022年，科技部印发《“十四五”技术要素市场专项规划》③（简称《规划》），提出了健全科技成果产权制度、强化高质量科技成果供给、建设高标准技术交易市场、提升技术要素市场专业化服务效能、促进技术要素与其他要素融合、加速技术要素跨境流动等重点任务，推动技术要素市场化配置改革。

《规划》明确，到2025年，我国技术要素市场制度体系基本完备，互联

① 中共中央，国务院.关于构建更加完善的要素市场化配置体制机制的意见[EB/OL].(2020-03-30)[2024-09-06]. https://www.gov.cn/gongbao/content/2020/content_5503537.htm.

② 中共中央办公厅，国务院办公厅.建设高标准市场体系行动方案[EB/OL].(2021-01-31)[2024-09-06].https://www.gov.cn/zhengce/2021-01/31/content_5583936.htm.

③ 科技部.“十四五”技术要素市场专项规划[EB/OL].(2022-10-25)[2024-09-06].https://www.most.gov.cn/xxgk/xinxifenlei/fdzdgknr/fgzc/gfxwj/gfxwj2022/202210/t20221025_183175.html.

互通的技术要素交易网络基本建成，技术要素市场服务体系协同高效，技术要素市场化配置成效显著提升。

2.1.2 健全科技成果权益分配机制

2020年5月，由科技部、发展改革委、教育部等9部门联合印发的《赋予科研人员职务科技成果所有权或长期使用权试点实施方案》①(简称《实施方案》）正式发布。该方案明确要求分领域选择40家高等院校和科研机构开展试点，通过3年时间探索建立赋予科研人员职务科技成果所有权或长期使用权的机制和模式，进一步激发科研人员的创新积极性，促进科技成果转移转化。

根据《转化法》，职务科技成果是指执行研究开发机构、高等院校和企业等单位的工作任务，或者主要利用上述单位的物质技术条件所完成的科技成果。《实施方案》界定了赋权成果范围，并要求试点单位建立赋权管理制度，对职务科技成果的所有权和长期使用权、监督与管理等作出了规定：一是试点单位与成果完成人（团队）可成为共同所有权人；二是试点单位科研人员可享受不低于10年的长期使用权；三是优化试点单位国有资产管理方式；四是试点单位应加快完善法人治理结构，建立科研发展基金；五是试点单位应该重视科技安全和科技伦理管理（图2-3）。

① 科技部，发展改革委，教育部，等.赋予科研人员职务科技成果所有权或长期使用权试点实施方案[EB/OL].(2020-05-18)[2024-09-06]. https://www.most.gov.cn/xxgk/xinxifenlei/fdzdgknr/fgzc/gfxwj/gfxwj2020/202005/t20200518_153996.html.

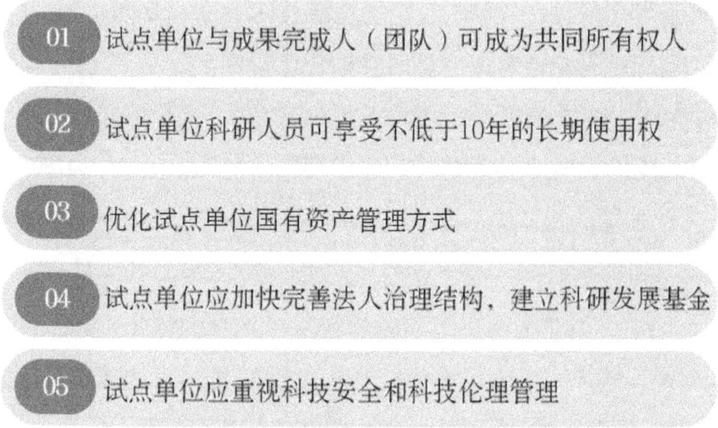

图2-3 《实施方案》主要任务

2020年10月，科技部印发《赋予科研人员职务科技成果所有权或长期使用权试点单位名单》，确定了40家试点改革单位，进一步推进了科技成果权益分配机制的实践落地。

2.1.3 完善技术转移服务体系

技术转移是实现科技成果转化的重要推动力，相关政策从完善科技成果评价机制、加强技术转移服务机构建设、培养技术转移专业人才等角度出发，完善我国技术转移服务体系（图2-4）。

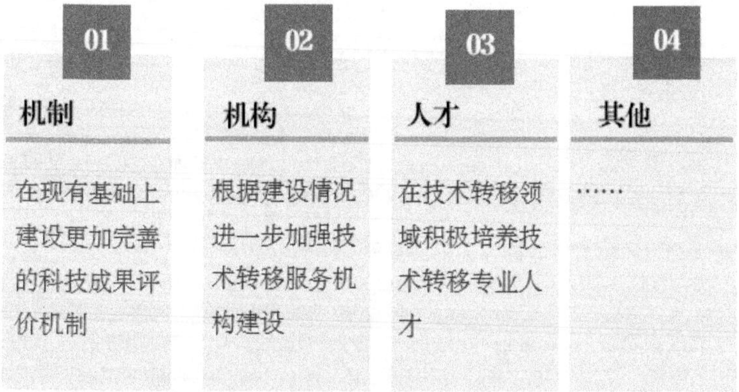

图2-4 技术转移服务体系的完善措施

技术转移机构和技术转移人才是连接技术从供给方到需求方的中介主体，对于有效促进创新链和产业链对接融合意义重大。

在技术转移机构的建设上，2020年，科技部、教育部印发《关于进一步推进高等学校专业化技术转移机构建设发展的实施意见》①，提出建立技术转移机构、明确成果转化职能、建立专业人员队伍、完善机构运行机制、提升专业服务能力和加强管理监督六大重点任务，以此推动技术转移机构的专业化、高水平发展。2021年，科技部成果转化与区域创新司、教育部科学技术与信息化司发布《关于首批高校专业化国家技术转移机构建设试点启动的通知》②，确定了首批20个高校专业化国家技术转移机构建设试点，试点期限为2年，要求以高校专业化国家技术转移机构建设为工作抓手和突破口，进一步改革完善高校科技成果转化体系，强化高校科技成果转化能力建设，促进高校科技成果高水平创造和高效率转化，着力创新科技成果转化机制，加强知识产权保护，提高我国科技成果转化整体效能，切实提升高校服务经济社会发展的能力，显著增强支撑我国经济高质量发展的技术要素供给。

在技术转移人才培育上，2023年，科技部火炬中心发布了《高质量培养科技成果转移转化人才行动方案》③，该方案明确了推动人才培养工作规范化发展、升级国家技术转移人才培养基地功能、优化科技成果转移转化人才供给结构、畅通技术经理人职业发展路径、提升科技成果转移转化人才培养社会关注度、促进科技成果转移转化人才队伍国际化建设六项重点任务；提出到2025年，要培养科技成果转移转化人才超过10万人，打造职业技术经理人队伍，使在各类技术转移和成果转化相关机构内从业的职业技术经理人不少

① 科技部，教育部.关于进一步推进高等学校专业化技术转移机构建设发展的实施意见[EB/OL].(2020-05-13)[2024-09-06]. https://www.gov.cn/zhengce/zhengceku/2020-05/20/content_5513172.htm.

② 科技部成果转化与区域创新司，教育部科学技术与信息化司.关于首批高校专业化国家技术转移机构建设试点启动的通知[EB/OL].(2021-10-09)[2024-09-06]. https://www.most.gov.cn/xxgk/xinxifenlei/fdzdgknr/qtwj/qtwj2021/202110/t20211009_177191.html.

③ 科技部火炬中心.高质量培养科技成果转移转化人才行动方案[EB/OL].(2023-03-10)[2024-09-06]. http://www.ctp.gov.cn/chengguo/tztg/202303/ba380aab524842c5b66858102d46d110.shtml.

于1万人，全国建成人才培养基地超过50个，建成不少于300人的科技成果转移转化顾问队伍。2022年，人力资源和社会保障部修订的《中华人民共和国职业分类大典》[①]首次纳入新职业——技术经理人，并将技术经理人定义为在科技成果转移、转化和产业化过程中，从事成果挖掘、培育、孵化、熟化、评价、推广、交易并提供金融、法律、知识产权等相关服务的专业人员。

科技成果评价对科技成果研发、转化起着重要的指挥和导向作用。2021年，国务院办公厅印发《关于完善科技成果评价机制的指导意见》[②]，提出明确科技成果“五元”价值评价，健全科技成果分类评价体系，加快推进国家科技项目成果评价改革，发展科技成果市场化评价，发挥金融投资在科技成果评价中的作用，引导规范第三方评价，改革科技成果奖励体系，破除评价“四唯”问题，创新评价工具和模式，完善科技成果评价激励和免责机制。通过十大举措实现科学分类、多维评价，解决“分类评价体系不健全以及评价指标单一化、标准定量化、结果功利化”的问题。2020—2023年技术转移服务体系建设的相关政策见图2-5。

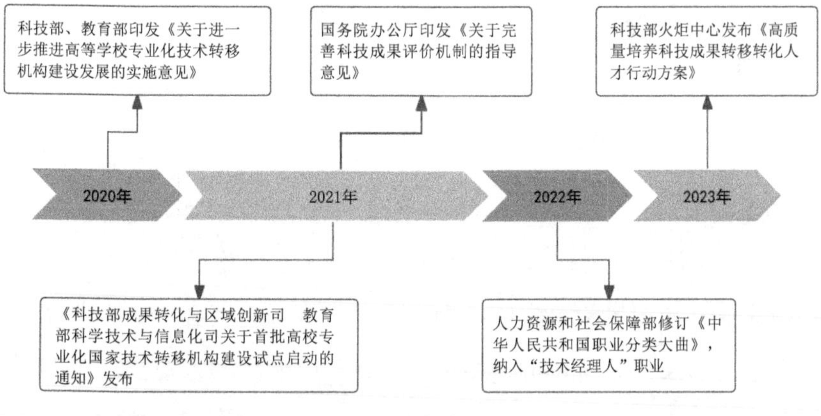

图2-5 2020—2023年技术转移服务体系建设的相关政策

① 国家职业分类大典修订工作委员会.中华人民共和国职业分类大典[M].北京：中国劳动社会保障出版社，2022.

② 国务院办公厅.关于完善科技成果评价机制的指导意见[EB/OL].(2021-08-02) [2024-09-06]. https://www.gov.cn/zhengce/zhengceku/2021-08/02/content_5628987.htm.

2.1.4 支持企业成果创新转化

企业是科技创新的主体，是科技成果转化的重要端口。2022年，《科技部办公厅关于营造更好环境支持科技型中小企业研发的通知》①印发，明确要提升科技型中小企业在成果转化上的主体地位，营造更好的环境促进中小企业成长，提出优化支持科技型中小企业研发的资助模式，落实研发的支持政策措施，鼓励研发人才引入、集聚，创造研发应用场景，夯实强化科技创新创业的基础条件和组织工作（图2-6）。

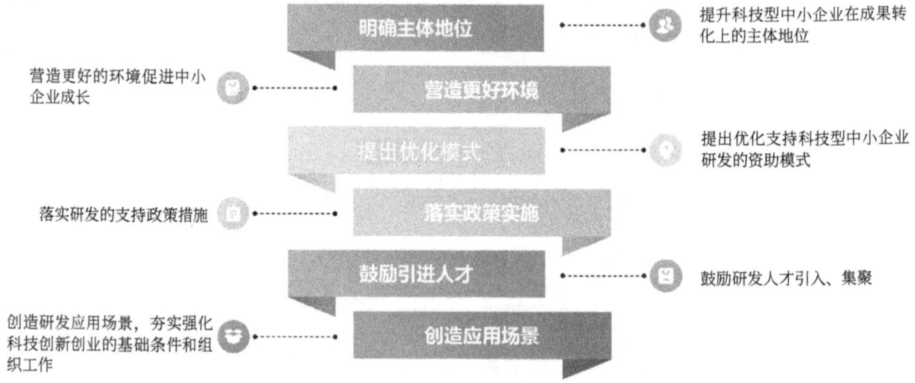

图2-6 政策支持中小企业成果创新转化

2022年，科技部、财政部印发《企业技术创新能力提升行动方案（2022—2023年）》②，直面技术创新五大不足，推动惠企创新政策落地，强化对企业创新的风险投资等金融支持，发挥社会资金支持企业技术创新保障，通过基金支持、孵化链条服务、加强产学研用和大中小企业融通等方式促进中小企业创新，引导支持各类企业将科技创新作为核心竞争力，加速创

① 科技部办公厅.关于营造更好环境支持科技型中小企业研发的通知[EB/OL].(2022-01-13)[2024-09-06]. https://www.most.gov.cn/xxgk/xinxifenlei/fdzdgknr/fgzc/gfxwj/gfxwj2022/202201/t20220113_179017.html.

② 科技部，财政部.企业技术创新能力提升行动方案（2022—2023年）[EB/OL].(2022-08-05)[2024-09-06]. https://www.gov.cn/zhengce/zhengceku/2022-08/15/content_5705464.htm.

新要素向企业集聚（图2-7）。

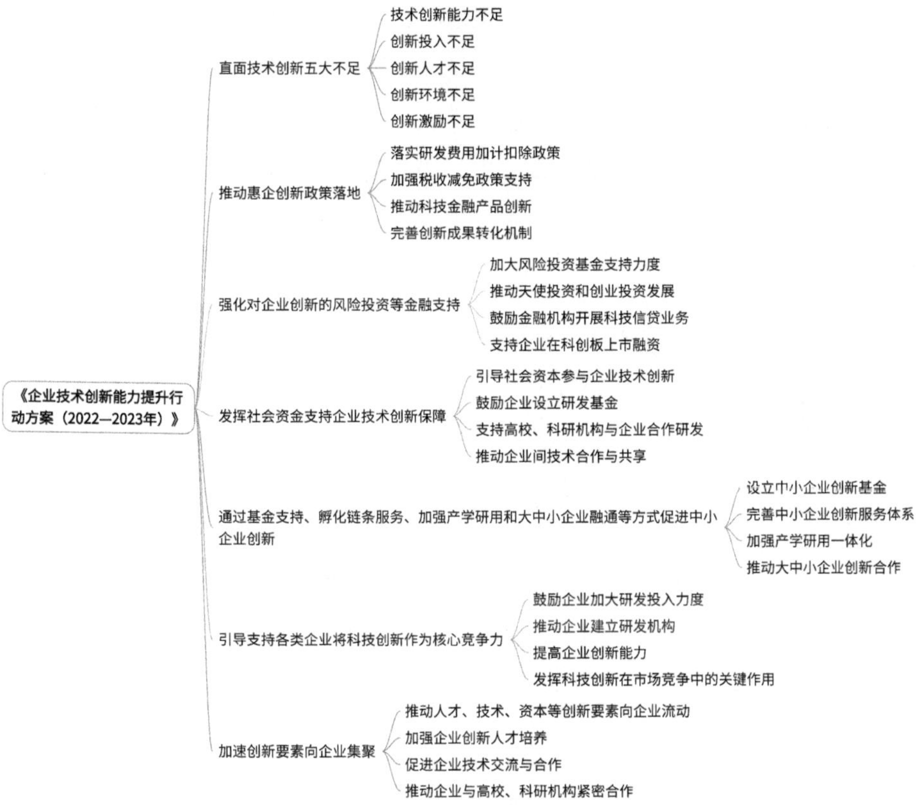

图2-7　政策支持提升企业技术创新能力

2.1.5　强化财政科技投入支持

发挥财政资金的引导作用，投资优质科技成果转化项目，疏通科技成果转移转化梗阻。为贯彻落实《国家中长期科学和技术发展规划纲要（2006—2020）》[①]，加速推动科技成果转化与应用，引导社会力量和地方政府加大科技成果转化投入力度，科技部、财政部设立国家科技成果转化引导基金，用于支持转化利用财政资金形成的科技成果，包括中央财政科技计划、地方科

① 中华人民共和国国务院. 国家中长期科学和技术发展规划纲要（2006—2020年）[EB/OL]. [2024-09-06]. https://www.gov.cn/gongbao/content/2006/content_240244.htm.

技计划及其他由事业单位产生的新技术、新产品、新工艺、新材料、新装置及其系统等；通过设立创业投资子基金、贷款风险补偿和绩效奖励等方式开展支持，引导社会力量和地方政府加大科技成果转化投入，带动金融资本和民间投资向科技成果转化集聚。通过制定《国家科技成果转化引导基金管理暂行办法》[①]等政策文件，规范中央财政设立的国家科技成果转化引导基金的管理，促进相关科技计划形成的科技成果的转移转化，推动完善科技投融资体系。

① 财政部，科技部.国家科技成果转化引导基金管理暂行办法[EB/OL].（2011-07-04）[2024-09-06]. https://www.gov.cn/gongbao/content/2012/content_2092458.htm.

2.2 广东省科技成果转化相关政策

随着科技成果转化进程的推进，以及国家对科技成果转化重视程度的提高，广东省人民政府也通过出台或修订相关政策，推动科技成果转化改革创新，以适应新形势下科技成果转化的需要。

《广东省促进科技成果转化条例》①从组织实施、保障措施、技术权益和法律责任的角度对科技成果转化相关工作进行了规定，提出了建立科研项目管理、成果转化财务管理、绩效考核评价和责任追究等成果转化管理制度，规定了成果研发团队或完成人的优先受让权、科技成果转化免责处置程序，明确了单位负责人科技成果转化考核要求，提高了科技成果转化奖励和报酬标准，明确了科技成果转化净收入计算方式等，建立了符合科技发展、市场经济规律的法规制度，通过立法消除了广东省范围内阻碍科技成果转化的制度性障碍（图2-8）。

图2-8 《广东省促进科技成果转化条例》提出的成果转化管理制度

广东省人民政府办公厅《关于进一步促进科技成果转移转化的实施意

① 广东省促进科技成果转化条例[EB/OL].（2022-02-10）[2024-09-06].http://www.gd.gov.cn/zwgk/wjk/zcfgk/content/post_2722516.html.

见》[①]提出加强科技成果信息交汇与发布、推进科技成果转移转化载体建设、强化市场化服务能力、建设专业人才队伍等，促进创新创业孵化平台发展，加大对科研人员向企业转化科技成果的奖励力度，强化对科技成果转移转化活动的激励，全面完善科技成果转移转化的机制建设。

2016年，《广东省自主创新促进条例》[②]再次修正，其在强调研究开发与成果创造、成果转化与产业化的基础上，强化创新第一动力立法目的，提出基础与应用基础研究、关键核心技术自主可控与产学研合作引进创新资源三者并重，并全面适应广东省科技创新发展新形势新要求，明确推进粤港澳大湾区和深圳中国特色社会主义先行示范区建设。2019年，广东省人民政府发布《关于进一步促进科技创新的若干政策措施》[③]，力图打通科技成果转化“最后一公里”，持续加大科技领域“放管服”改革力度，针对高校独资设立的资产管理公司、高校和科研机构、科技人员、专业化技术转移服务机构等均制定了科技成果转化相关鼓励措施，并明确了横向项目成果权属、利用财政资金形成的新增职务科技成果权属、横向项目结余经费的分配方式（图2-9）。

图2-9　促进科技创新和成果转化的相关政策

① 广东省人民政府办公厅.关于进一步促进科技成果转移转化的实施意见[EB/OL].(2016-11-08)[2024-09-06]. https://www.gd.gov.cn/zwgk/wjk/zcfgk/content/post_2712364.html.

② 广东省自主创新促进条例[EB/OL].(2016-09-14)[2024-09-06].http://gdstc.gd.gov.cn/msg/image.new/wenjian/2016/09/20160914zcc01.pdf.

③ 广东省人民政府.关于进一步促进科技创新的若干政策措施[EB/OL].(2019-01-07)[2024-09-06]. https://www.gd.gov.cn/zwgk/wjk/qbwj/yf/content/post_1054700.html.

2020年，广东省三家单位入选科技部等9部门联合印发的《赋予科研人员职务科技成果所有权或长期使用权试点实施方案》[①]试点单位，试点工作取得较好成效。基于广东省在职务科技成果所有权或长期使用权方面的改革试点工作，总结存在的问题和建议，2022年，广东省科学技术厅起草了《广东省深化职务科技成果管理改革实施方案（征求意见稿）》[②]和《广东省高校和科研事业单位职务科技成果转化尽职免责认定工作指引（征求意见稿）》[③]两份文件并公示，以进一步深化职务科技成果赋权和单列管理改革，扩大改革试点范围，推进职务科技成果转化尽职免责政策落实，加快推进职务科技成果转化和产业化进程。2024年，《广东省科技创新条例》[④]公示，其在科技成果转化上，探索职务科技成果赋权改革，赋予完成人所有权或长期使用权；提出职务科技成果单列管理，简化股权管理；明确项目结余经费促进成果转化；提出激发新型研发机构转化动力的创新机制。

① 科技部，发展改革委，教育部，等.赋予科研人员职务科技成果所有权或长期使用权试点实施方案[EB/OL].(2020-05-18)[2024-09-06]. https://www.most.gov.cn/xxgk/xinxifenlei/fdzdgknr/fgzc/gfxwj/gfxwj2020/202005/t20200518_153996.html.

② 广东省科学技术厅.广东省深化职务科技成果管理改革实施方案（征求意见稿）[EB/OL].(2022-09-30)[2024-09-06]. https://gdstc.gd.gov.cn/hdjlpt/yjzj/answer/mobile/23802?iframe=1#/index.

③ 广东省科学技术厅.广东省高校和科研事业单位职务科技成果转化尽职免责认定工作指引（征求意见稿）[EB/OL].(2022-09-30)[2024-09-06]. https://gdstc.gd.gov.cn/hdjlpt/yjzj/answer/mobile/23802?iframe=1#/index.

④ 广东省科技创新条例[EB/OL].(2024-07-31)[2024-09-06].https://gdstc.gd.gov.cn/zwgk_n/zcfg/szcfg/content/post_4471225.html.

2.3 广州市科技成果转化相关政策

在全国、全省科技体制改革深化，科技成果转化工作日益推进的背景下，作为广东省省会、粤港澳大湾区的核心城市，广州市在促进科技成果向生产力转化的工作中不遗余力，出台了众多政策，从环境面、供给面、需求面等多端支持成果转化。

《广州市促进科技成果转化实施办法》①于2022年发布，涉及五大方面，共29条内容，从资金投入、科技管理、支撑服务、人才培养等方面提出相关举措。具体来看，在“畅通科技成果转化机制”上，鼓励各单位加强相关体制机制建设，推进职务科技成果所有权改革，鼓励科技成果进入技术交易市场；在“健全科技成果转化激励机制”上，提出建立健全科技成果收益分配激励制度，鼓励探索以转化应用为导向的科技成果评价机制；在“完善科技成果转化服务体系”上，支持科技成果转化服务机构发展、科技成果转化基地和交流合作平台建设、技术转移人才培养基地建设；在“打造市场化技术转移区域高地”上，鼓励建立联合实验室，支持建设科技孵化载体、小试中试基地；在“营造科技成果转化创新生态环境”上，提出充分发挥基金引导作用，加强市财政资金对科技成果转化工作的支持（图2-10）。

在新型研发机构发展上，《广州市人民政府办公厅关于促进新型研发机构高质量发展的意见》②明确了引导新型研发机构高质量发展的重要方向，聚焦技术供给、收益分配、企业孵化、人才引育、金融赋能五大核心功能。其提出新型研发机构强化产业技术供给，提升关键核心技术攻关能力；鼓励

① 广州市科学技术局.关于印发广州市促进科技成果转化实施办法的通知[EB/OL].(2022-03-31)[2024-09-06].https://www.gz.gov.cn/gfxwj/sbmgfxwj/gzskxjsj/content/mpost_8164641.html.

② 广州市人民政府办公厅.关于促进新型研发机构高质量发展的意见[EB/OL].(2023-07-04)[2024-09-06].http://www.gz.gov.cn/zwgk/fggw/wyzzc/content/post_9091243.html.

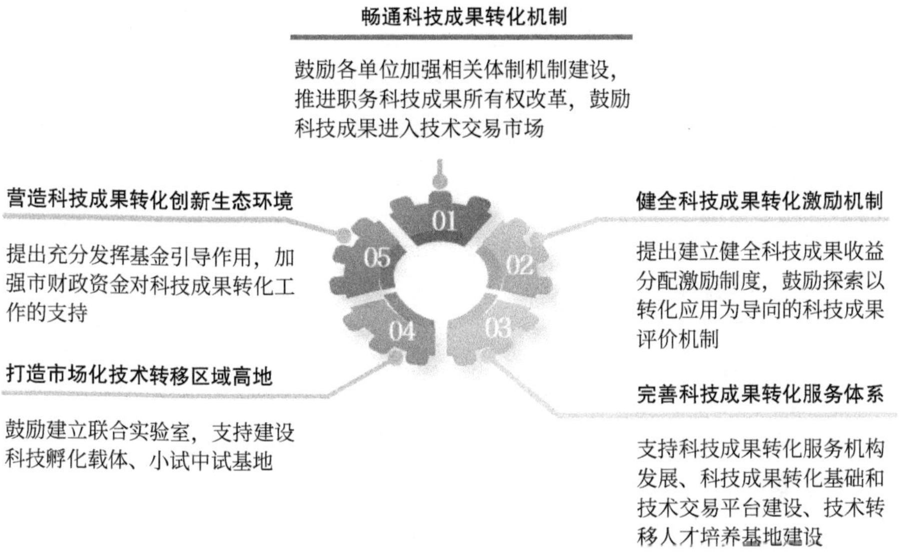

图2-10　《广州市促进科技成果转化实施办法》推动科技成果转化措施

新型研发机构建立健全科技成果收益分配激励制度，明确科技成果转化净收入、科技成果形成的股份70%以上可以奖励给科技成果完成人（团队），5%以上可以奖励给为成果转化作出贡献的人员；鼓励新型研发机构通过科技成果作价、资金投入等方式参股孵化企业；支持人才团队申报各类人才计划和科技创新项目；鼓励有条件的新型研发机构利用自有资金发起或联合社会资本共同设立天使投资等科创基金，促进科技成果产业化（图2-11）。

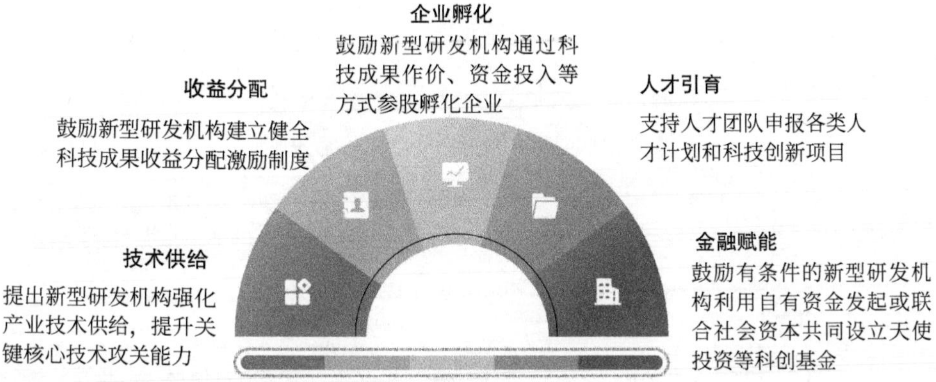

图2-11　《广州市人民政府办公厅关于促进新型研发机构高质量发展的意见》引导新型研发机构发展

在企业创新发展上，广州市出台了《广州市“专精特新”中小企业培育三年行动方案（2022—2024）》[①]，通过“八大行动”和“七大措施”赋能中小企业，培育创新能力强、市场开拓能力强的企业，大力奖励认定的“专精特新”企业（图2-12）。

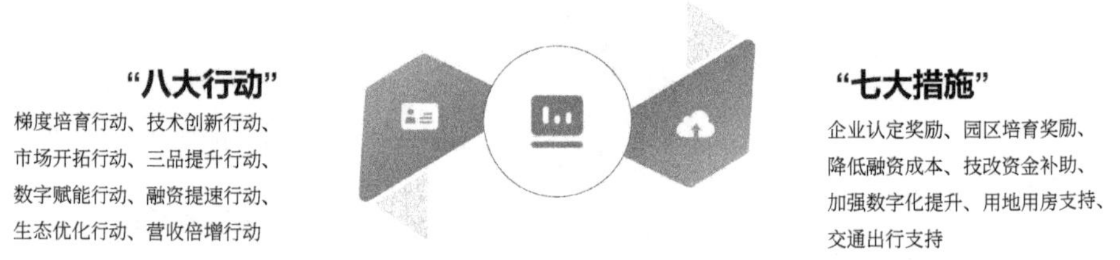

图2-12　《广州市“专精特新”中小企业培育三年行动方案（2022—2024）》赋能中小企业

广州市各区亦积极响应国家和省、市政策。以黄埔区为例，黄埔区大力支持科技创新、科技成果转化活动。近年来，依托“2+3+N”战略科技创新平台集群，集聚了超1000家新型研发机构、2500家高新技术企业。“十三五”期间，黄埔区研究与试验发展经费209.15亿元，首次突破200亿元。该区产业基础雄厚，创新资源集聚，创新理念良好，是广东省乃至全国科技创新成果转化典型区域代表。在政策体系构建与完善上，黄埔区从多方面着手，《广州开发区（黄埔区）促进经济高质量发展政策措施》[②]聚焦重点领域，大力实施科技创新赋能，推动政策体系和产业集聚深度耦合，全方位支持企业科技攻关和成果转化；《广州市黄埔区　广州开发区科技发展资金管理办法》[③]从科研项目资助补助、科技金融资助等角度规定了科技发展资金管理的各项制度，着力强化科技创新平台集群建设，加快科技成果转化。同时，

① 广州市“专精特新”中小企业培育三年行动方案（2022—2024）[EB/OL].(2022-04-24)[2024-09-06]. https://www.gz.gov.cn/zwgk/fggw/sfbgtwj/content/mpost_8209799.html.

② 广州开发区政策研究室，等.广州开发区（黄埔区）促进经济高质量发展政策措施[EB/OL].(2023-11-09)[2024-09-06]. https://www.hp.gov.cn/gkmlpt/content/9/9302/post_9302126.html#16150.

③ 广州市黄埔区人民政府，广州开发区管委会.关于印发广州市黄埔区　广州开发区科技发展资金管理办法的通知[EB/OL].(2022-05-07)[2024-09-06]. https://www.gz.gov.cn/gfxwj/qjgfxwj/hpq/qf/content/mpost_8228988.html.

针对新型储能、新一代信息技术、人工智能、生物医药、中医药等产业制定了相应发展细则，促进产业优质项目入驻、技术突破创新、产品推广应用等（图2-13）。

图2-13 黄埔区促进科技成果转化的各类政策举措

3 面向成果转化的科技成果评价方法

近年来，在各类科技政策的支持下，作为我国科技创新重要引擎之一的科研院所在科技成果转化工作上取得了一定突破，科技创新能力稳步提升，科技成果数量不断增长，成果转化规模持续扩大，对我国经济社会发展起到了积极作用。然而，当前科研院所的科技成果转化工作也面临着成果价值发现不及时、市场化能力不足、转化方式不明确等问题，影响了成果转化工作的质量、效率，使得科研院所科技成果研发和转化的能力未能完全发挥。

科技成果评价是判断成果研发进展、挖掘科技成果价值的重要手段。本书建立面向科技成果转化的科技成果评价方法，旨在更全面、客观地评价科技成果的研发基础和进展，衡量科技成果转化的可行性和市场潜力，为科研院所科技成果价值挖掘、评价提供一个统一的标准尺度，辅助成果转化项目的比对和筛选。该评价方法主要针对以转化为目的开展研究开发的科技成果，这类科技成果通常是经试验、开发、推广形成的新产品、新技术等，具有一定的实用价值，并以实现一定的效益为目的。因此，在评价时主要遵循以下三个基本原则：

①综合评价。从多个维度分类设置评价内容和指标，尽量全面、充分地反映成果的技术特点、研发基础和转化潜力，有时也可根据具体情况选择其中的一个或几个维度进行评价。

②定性定量相结合。在评价过程中，采用观测、分析等定性描述和分级、计分等定量方法相结合的方式。

③转化导向。评价内容和指标应面向成果转化过程中各方的关注点，以实现科技成果高质量转化为评价导向，促进科技人员在研究开发过程中注重成果的实用性和转化可能性。

基于以上评价基本原则，结合科研院所科技成果转化的特点，面向科技成果转化的科技成果评价应从技术、市场、知识产权、团队和转化前景这五个维度来开展。同时，在设定评价指标的过程中，考虑到数据可获取性的问题，比对、筛选了既能反映成果状态，又较易于在院所调研中获取评价信息的指标。下面对这五个维度的定义、评价内容和方法进行介绍。

3.1　技术

技术属性是反映科技成果自身竞争优势和价值的重要属性。国内外研究实践经验表明，科技成果的技术特征是成果转化过程中投资者、市场最关注的要素，因此，对科技成果技术属性进行分析评价必不可少。技术属性对科技成果的技术创新水平、研发应用状态、稳定程度等特征进行具体描述，主要可分为技术成熟度、技术创新度、技术先进度三个方面。

3.1.1　技术成熟度

技术成熟度（technology readiness level，TRL），也称技术就绪度、技术就绪水平，指技术在满足预期应用目标方面的成熟程度[①]。可根据技术或产品发展成熟的客观规律划分等级，制定明确的分级标准，以此来评价技术对目标状态的满足程度。技术成熟度这个概念起源于20世纪70年代，由美国航空航天局（NASA）提出并使用，经过多年的理论和实践发展，现在已广泛应用于世界各国的各类科技项目中。1995年，NASA发布了技术成熟度白皮书，提出9级技术成熟度概念，明确了技术成熟度的等级定义并将其引入项目管理领域，至此这一指标迅速被其他机构采纳，包括美国国防部、能源部等在内的多个部门在国防采购、重大企业项目等项目管理中皆使用该指标来评估项目技术进展、支撑技术集成和转化决策。21世纪后，技术成熟度在世界各国得到大力推广应用，澳大利亚国防部、欧洲航天局、法国国家空间研究中心等也根据实际情况制定了技术成熟度的评价方法和管理政策，利用该工

① 国家市场监督管理总局，国家标准化管理委员会. 科学技术研究项目评价通则：GB/T 22900—2022[S]. 北京：中国标准出版社，2022.

具进行技术评价和管理沟通；我国在国防军工、航空、核电及民口科技等领域也将技术成熟度评价应用于科技成果评价和项目管理中。

技术成熟度指标将一项技术或其产品、系统按照“原理概念—试验验证—模拟运行—真实运行”的研发流程分成9个等级。如表3-1所示，1～3级为原理和技术概念验证阶段，主要为基础技术研究和可行性验证；4～6级为技术攻关和演示验证阶段，包括子系统和核心模块的验证、逐步集成；7～9级为成果开发和应用阶段，包括系统的试运行和推广应用。

表3-1　通用技术成熟度等级划分及定义①

等级	定义
1	发现技术研究或开发的基本原理
2	确定基本原理的应用设想，提出可行的研究目标和技术方案
3	在实验室环境中通过分析或试验的手段进行原理性验证
4	以原理样品为载体完成实验室环境下的关键功能验证
5	以初样为载体在模拟使用环境中通过主要功能与性能验证
6	以正样为载体在接近实际环境的模拟使用环境中通过全部功能与性能验证
7	以正样为载体完成实际环境下的验证，并进行应用
8	以实际产品为载体，经小批量生产和实际环境下充分使用，获得认可
9	具备大批量生产与服务的条件，获得市场准入，批量、广泛应用

考虑到通用等级定义在实际评价中存在一定的模糊性，评价人员在对不同类型的成果开展评价时可能会有不同的解读，因此，在评价过程中，也可参考分类科技成果的技术成熟度等级定义。如表3-2所示，根据科技成果技术形式，将科技成果分为硬件、软件与技术方法三种类型，形成分类科技成果的等级定义。

① 中国科技评估与成果管理研究会.科技成果技术成熟度评价规范：T/CASTEM 1016—2025[S].北京：中国标准出版社，2025.

表3-2　分类科技成果的技术成熟度等级划分及定义[①]

等级	硬件类科技成果等级定义	软件类科技成果等级定义	技术方法类科技成果等级定义
1	发现技术的基本原理并形成概述性报告	明确基本原理和算法，获得潜在需求	明确方法研究的基本原理，形成报告
2	基于基本原理提出实际应用设想，形成可行的技术方案	明确技术路线，完成概要设计	提出满足需求或解决问题的技术方案，分析其可行性
3	在实验室环境下，通过试验或仿真完成关键功能和特性的原理性验证	确定需求和功能，完成方案设计	通过试验或仿真完成技术方法的原理性验证
4	试制原理样品，完成实验室环境下的关键功能验证	完成功能模块详细设计，形成原型系统并通过测试验证	以实验室模型或样件为载体，在实验室通过关键功能验证
5	完成产品初样的开发和试制，在模拟使用环境中通过主要功能与性能验证	集成主体功能，形成初步的测试版软件并通过模拟使用环境验证	以简化的系统或应用场景为载体，在模拟使用环境下通过试验验证
6	完成产品正样的开发和试制，在接近真实的模拟使用环境中通过功能与性能验证	测试版软件通过预期软硬件环境适配验证，功能、性能等达到设计目标	以接近真实的系统或应用场景为载体，通过方法的系统性验证
7	以产品正样为载体，在实际使用环境下通过全面试验验证，具备小批量生产、检验的条件	正式版软件在实际使用环境中验证通过，交付用户试用	以实际系统或应用场景为载体，在真实使用环境下通过验证
8	产品设计定型，经小批量生产和实际环境下充分使用，获得认可	软件产品经实际环境下充分使用，各项指标满足使用要求	技术方法实现小规模复制和应用，技术成熟稳定，得到用户认可
9	产品获得市场准入，得到广泛应用，功能、性能、质量等特性在实际任务中得到充分验证	软件产品实际运行，性能、质量等满足大规模应用需求	技术方法得到广泛引用和采纳，实现规模化复制和应用

3.1.2　技术创新度

技术创新是在技术研发过程中创造新价值的创造性活动，包括提出新见解、开拓新领域、解决新问题、创造新事物和在已有成果上开展创造性应用

① 中国科技评估与成果管理研究会. 科技成果技术成熟度评价规范：T/CASTEM 1016—2025[S]. 北京：中国标准出版社，2025.

等。创新是科技成果研发的重要特征之一，一般而言，具有创新性的科技成果具有改变相关产业应用，占领原始市场或开辟新市场的潜力，是科技成果转化中的重要锚点。

技术创新度是指一项技术的创新程度，技术创新度评价旨在识别科技成果在特定范围和应用领域中的创新点，评估成果创新在推动技术突破、提供新的解决方案、推动相关领域发展和革新方面的作用，其评价结果能迅速、准确地提供所需的基本创新信息。在科技成果转化中，成果技术创新度的评价能够判断技术的潜在价值，成果取得突破性进展的程度越高，其潜在价值越大，这一特性可辅助成果所有方、投资者预判成果转化项目的潜在收益。从市场推广的角度来说，具有高技术创新度的产品也有助于新的市场需求的发现，营销人员可以利用产品高创新度的特点，制造新的产品推广点，辅助产品商业宣传，激发市场购买、使用的动力。

表3-3为通用技术创新度等级划分及定义①，共有4个等级，最高等级4级表示该成果的创新点在全球范围内、任何应用领域中均为首创，最低等级1级表示该成果的创新点范围局限于国内及特定的应用领域。此外，若在国内公开的论文、专利、官方网站或权威媒体报道等数据来源中且在该成果的应用领域中检索到与该成果创新点相同的信息，则该成果无技术创新。

表3-3　通用技术创新度等级划分及定义

等级	定义
1	在国内公开的论文、专利、官方网站或权威媒体报道等数据来源中且在该成果的应用领域中，未检索出与该成果创新点相同的信息
2	在国内公开的论文、专利、官方网站或权威媒体报道等数据来源中且在任何应用领域中，均未检索出与该成果创新点相同的信息
3	在国际公开的论文、专利、官方网站或权威媒体报道等数据来源中且在该成果的应用领域中，未检索出与该成果创新点相同的信息
4	在国际公开的论文、专利、官方网站或权威媒体报道等数据来源中且在任何应用领域中，均未检索出与该成果创新点相同的信息

① 中国科技评估与成果管理研究会.科技成果五元价值评估指南：T/CASTEM 1009—2023[S].北京：中国标准出版社，2023.

3.1.3 技术先进度

先进技术指某个时期内具有较高水平、对经济社会发展起着领先作用的技术。技术的先进性是综合反映技术在其功能、性能上的领先性和应用价值的重要概念，能够判断技术在所属领域的相对优势和发展潜力。技术先进度这一指标通过横向对比国内外同一领域的科技成果，判断被评对象在特定行业、区域范围内的领先程度。它首先反映了在特定时间点下，该科技成果对于解决行业技术难题、突破技术卡口的重要影响，同时，该技术指标也体现在产品的市场竞争力上，高的技术先进度意味着更高的技术壁垒，这是产品制造推广和企业发展的重要依据。在成果转化项目中，考虑到对这类技术或产品进行风险投资获得高额回报的概率更大，投资方一般更青睐于投资技术领先的科技成果。

技术先进度的评价关键为科技成果的核心性能指标或功能参数，通过比对在特定地域及应用领域内该数值与对标产品所处的水平，判断被评成果领先于现有产品的程度。通用技术先进度等级划分及定义如表3-4所示①，达到技术先进度7级的科技成果，能通过书面数据和相应证明材料，证明其功能、性能指标值在国际范围内高于相同应用目的其他类似技术的相应指标值，达到国际领先水平。而技术先进度1级的科技成果基本不具备先进性，其指标值无法达到行业领域内任何标准最低值，这类成果在市场上往往不具备竞争力，也不是科技成果转化的目标对象。

① 中国科技评估与成果管理研究会.科技成果五元价值评估指南：T/CASTEM 1009—2023[S].北京：中国标准出版社，2023.

表3-4 通用技术先进度等级划分及定义

等级	定义
1	该成果的核心性能指标值或功能参数值未达到2～7级的任何一条要求
2	该成果的核心性能指标值或功能参数值达到所在行业领域国内现有国家标准、行业标准、地方标准、团体标准和企业标准等各种标准中所规定的最低值
3	该成果的核心性能指标值或功能参数值达到所在行业领域国内现有国家标准、行业标准、地方标准、团体标准和企业标准等各种标准中所规定的最高值
4	该成果的核心性能指标值或功能参数值至少满足以下条件之一： 达到权威媒体报道的或第三方检测的国内一流品牌产品的指标值； 达到国内专利检索中的最高数据水平； 达到中文核心期刊所发表论文中的数据水平； 达到经过本单位评估后先进度为4级或5级成果的相关指标值； 其他情况：不符合以上条件，但经专家组讨论认为，在国内，达到相同应用目的其他类似技术的相应指标值，且有书面数据和相应证明材料
5	该成果的核心性能指标值或功能参数值至少满足以下条件之一： 高于公开报道的或第三方检测的国内一流品牌产品的指标值； 高于国内专利检索中的最高数据水平； 高于中文核心期刊所发表论文中的数据水平； 高于经过科技成果评估后先进度为4级或5级成果的相关指标值； 其他情况：不符合以上条件，但经专家组讨论认为，在国内，高于相同应用目的其他类似技术的相应指标值，且有书面数据和相应证明材料
6	该成果的核心性能指标值或功能参数值至少满足以下条件之一： 达到公开报道的或第三方检测的国际一流品牌产品的指标值； 达到国际专利检索中的最高数据水平； 达到SCI、EI等国际权威期刊所发表论文中的数据水平； 达到经过科技成果评估后先进度为6级或7级成果的相关指标值； 其他情况：不符合以上条件，但经专家组讨论认为，在国际范围内，达到相同应用目的其他类似技术的相应指标值，且有书面数据和相应证明材料
7	该成果的核心性能指标值或功能参数值至少满足以下条件之一： 高于公开报道的或第三方检测的国际一流品牌产品的指标值； 高于国际专利检索中的最高数据水平； 高于SCI、EI等国际权威期刊所发表论文中的数据水平； 高于经过科技成果评估后先进度为6级或7级成果的相关指标值； 其他情况：不符合以上条件，但经专家组讨论认为，在国际范围内，高于相同应用目的其他类似技术的相应指标值，且有书面数据和相应证明材料

3.2　市场

科技成果转化是通过研发、应用、推广等活动将科技成果从实验室推向市场的过程。在面向科技成果转化的成果评价活动中，科技成果所属市场情况是成果评价的重要因素。一方面，市场需求是科技成果转化的重要驱动力，市场规模大、市场发展前景好，则成果转化成功率和效益也更高，一般而言资金进场给予成果转化项目支持的意愿也更高；另一方面，市场存在一定的不确定性和风险性，市场的发展变化和竞争对手的出现，也会对成果转化决策产生影响。因此，对市场维度的评价可从市场规模、市场周期、市场细分和市场竞争四个角度展开①，通过评分的方法进行科技成果转化的市场判断。

3.2.1　市场规模

市场规模指成果转化为产品后目标进入的市场大小。较大的市场规模通常意味着更多的潜在用户和需求，能够为成果转化形成的产品或服务提供更广阔的应用、销售空间。从地域范围和时间范围尺度来看，市场规模的评价主要包括当前国内目标市场规模、未来国内预期市场规模、当前国际目标市场规模、未来国际预期市场规模四个方面。表3-5为市场规模属性的评价方法，按照市场规模大、中、小分为三个等级分别赋分。

① 首都科技服务业协会.科技成果转化成熟度评价规范：T/BTSA 001—2016[EB/OL].(2016-11-07)[2024-09-06].https://www.ttbz.org.cn/StandardManage/Detail/2302/.

表3-5　市场规模属性评分表

属性	二级解析	三级解析	计分/分
市场规模	当前国内目标市场规模	规模大	3
		规模中	2
		规模小	1
	未来国内预期市场规模	规模大	3
		规模中	2
		规模小	1
	当前国际目标市场规模	规模大	3
		规模中	2
		规模小	1
	未来国际预期市场规模	规模大	3
		规模中	2
		规模小	1

3.2.2　市场周期

市场周期指成果转化为产品后目标进入的市场的生命周期阶段。无论哪种市场，都会经历从出现、成长到高峰再到衰退的周期过程，按照这一自然发展规律，市场可分为初生期、成长期、成熟期和衰退期四个阶段。在市场初生期，成果转化面临一片蓝海，市场发展尚未成熟，鲜有产品占领市场，产品有更大的概率和机会占据市场份额乃至把握市场动脉，但由于市场刚刚出现，产品和服务尚不成熟，因此企业在市场推广、用户培育等方面的投入一般较大；在市场成长期，市场逐步扩大，机会增多，对新产品和服务的需求增长迅速，成果更易被市场接受，且同类型成果转化、推广的方式有路可循，转化的成功率较高；在市场成熟期，用户已培育成熟，市场较为稳定，产品不符合市场需求趋势的风险较小，然而此时可能已有同类的对标成果进入市场，占据市场份额，因此市场竞争较大；在市场衰退期，成果目标市场需求下降，同时产品竞争加剧，成果转化面临的风险和挑战较大，收入和回报可能不如预期。据此，可将市场周期属性按照初生期、成长期、成熟期和衰退期四个阶段进行评价赋分，如表3-6所示。

表3-6　市场周期属性评分表

属性	二级解析	三级解析	计分/分
市场周期	当前市场所处周期特征	初生期	8
		成长期	20
		成熟期	16
		衰退期	4

3.2.3　市场细分

在市场营销学领域，市场细分是产品市场营销和推广的重要内容之一，它是指按照特定标准，将用户市场划分为若干个存在明显差异的群体，分析各个用户群体的需求特征，识别产品目标消费群体以便针对性地开展市场活动。市场细分的目的在于更好地掌握市场需求并挖掘市场机会，制定更有效的成果转化策略。一方面，它能够更精准地定位目标用户群体，分析用户需求、偏好，为成果针对性转化提供依据；另一方面，它有助于成果转化主体找到适合自己的市场定位，发现潜在的市场机会，专注于某个细分市场的需求，将有限的资源集中投入细分目标市场，提高成果转化的市场竞争力和产品推广效率。在科技成果市场维度评价中，市场细分属性主要是判断成果转化主体对成果目标市场的细分程度，包括对目标客户群的表达和定位是否清晰，按照其市场细分程度分为清晰表达/准确定位、有表达但不清晰/有定位但不准确、无表达/无定位三个等级进行计分，评分表如表3-7所示。

表3-7 市场细分属性评分表

属性	二级解析	三级解析	计分/分
市场细分	目标客户群表达	清晰表达	8
		有表达但不清晰	5
		无表达	2
	目标客户群定位	准确定位	7
		有定位但不准确	4
		无定位	2

3.2.4 市场竞争

市场竞争分析是指对市场上各类竞争对手及其发展现状进行分析，包括对市场竞争对手的现状、优劣势等进行系统评估分析。市场竞争分析能够帮助转化主体全面准确地识别所转化的科技成果相对于竞争对手的优势和差异化特点，分析竞争对手在市场覆盖范围、需求满足上的薄弱点，从而发现未被满足的市场需求和潜在机会，针对性开展产品定位和开发，针对性制定突出本成果优势的成果转化和市场推广策略，以提高成果转化的成功率。市场竞争评价旨在评价成果转化方对本成果在市场上竞争优劣势的掌握程度及对目标市场、竞争对手的了解程度。因此，市场竞争属性评价主要分为竞争对手分析、本成果竞争优势分析两部分，判断成果转化方是否开展过对竞争对手的调研、分析，是否明确本成果在市场上的竞争点，对本成果面临的市场竞争情况是否掌握到位等，并按评价情况进行分级赋分，评分表如表3-8所示。

表3-8 市场竞争属性评分表

属性	二级解析	三级解析	计分/分
市场竞争	竞争对手分析	能列出主要竞争对手名单，有明确对比分析	6
		能列出主要竞争对手名单，无明确对比分析	3
		无竞争对手信息	0
	本成果竞争优势分析	有多点竞争优势或有明显单点竞争优势	9
		有较清晰且有说服力的竞争优势	6
		竞争优势一般	3
		未作分析	0

3.3 知识产权

知识产权是指人们对其智力劳动成果所享有的法定权利，包括专利权、著作权、商标权、商业秘密权、集成电路布图设计专有权、植物新品种权等多种形式，它赋予权利人在一定时间内对其创作的成果享有独占性的权利。知识产权和科技成果转化有密切的关系。一方面，科技成果转化是知识产权创造、获取、实施和转移的内生动力；另一方面，知识产权通过法律权属确认的方式对科技成果权进行确认，使科研成果在转化过程中得到有效的保护，从而推动科技优势转化为法律权利。对科技成果的知识产权属性进行评价，旨在评估该成果是否构建起技术壁垒和自主产权、是否对技术信息开展有效的保护、是否有知识产权转化的工作基础，据此判断科技成果的技术保护能力和转化潜力。因此，考虑知识产权的关键因素，结合评价过程中数据的可获得性，主要从知识产权数量、知识产权效益和知识产权保护三个方面对科技成果的知识产权进行评价。

3.3.1 知识产权数量

知识产权数量反映了创新主体在相关技术领域的研发投入、创新产出情况，以及对原有技术进一步改进或创造新知识的能力，是后续开展科技成果转化工作的基础。一项科技成果具备较多的知识产权，可能意味着该成果有较高的技术多样性和复杂性，增加了转化的选择空间，也为后续产品的开发应用提供了多种路径。如表3-9所示，知识产权数量属性的评价主要考虑科技成果相关Ⅰ类知识产权、Ⅱ类知识产权的有效拥有量和申请量及技术秘密或专有技术数量。Ⅰ类知识产权指发明专利（不含国防专利）、植物新品种、国家级农作物品种、国家新药、国家一级中药保护品种、集成电路布图设计专有权等；Ⅱ类知识产权指实用新型专利、外观设计专利、软件著作权等；技术秘密或专有技术指不为公众所知悉的技术，即未申请专利的先进、实用技术，包括设计图纸、配方、数据公式等。考虑到Ⅰ类知识产权、技术秘密或专有技术一般具有更高的创新性和市场竞争力，且在高新技术企业认定等评价中，在评分上也比Ⅱ类知识产权更具优势，因此，在科技成果评价中赋予Ⅰ类知识产权和技术秘密或专有技术更高的单项分值。

表3-9　知识产权数量属性评分表

属性	二级解析	三级解析	计分/（分·项$^{-1}$）
知识产权数量	知识产权状态及数量	Ⅰ类知识产权有效拥有量	1
		Ⅱ类知识产权有效拥有量	0.8
		Ⅰ类知识产权申请量	0.8
		Ⅱ类知识产权申请量	0.6
		技术秘密或专有技术数量	1

3.3.2　知识产权效益

知识产权效益指通过知识产权的产品化、市场化，将已有知识产权优势转化为利润优势，从而获得的经济收益。一般而言，这类收益包括通过知识产权许可、转让等方式产生的直接经济收入，以及因知识产权保护而增加的产品销售额和利润。被评科技成果若产生过知识产权效益，将对其未来的转化工作有显著影响。首先，过往的收益记录是科技成果商业上可行性的证明，能够有效吸引外部投资和合作伙伴，增加相关方对成果转化项目的信心，同时也有助于成果所有方建立行业声誉、扩大影响力。其次，过往的收益经历是选择后续成果转化模式和策略的重要基础，对于掌握市场需求、优化产品，从而提高转化成功率有重要意义，也为后续成果转化中的风险评估和应对方式提供了参考。此外，对于研发团队、企业单位来说，成果转化收益会带来积极的反馈，增强其在后续转化工作中的信心和动力。因此，知识产权效益属性的评价关注该科技成果是否已通过知识产权转化转让产生收益。值得注意的是，在数据资源可获取的情况下，进一步分析知识产权收益额度、社会影响等相关因素，能够促进对该成果知识产权效益情况的深度洞察与精细化把握（表3-10）。

表3-10　知识产权效益属性评分表

属性	二级解析	三级解析	计分/分
知识产权效益	知识产权转化转让收益	已产生收益	5
		未产生收益	0

3.3.3　知识产权保护

知识产权保护指通过相关措施，对知识产权风险进行防范和处置，以保障和维护成果权利人享有的权利，常见的知识产权保护可能涉及法律确权、防止侵权、风险评估等内容。有效的知识产权保护对科技成果转化工作具有重要意义，它通过明确产权归属，为成果转化提供安全的法律环境，减少相关人员在权利纠纷等方面投入的资源和精力。同时，清晰的知识产权界定能够保障相关交易的效率和安全性，通过提升成果附加值提高其商业价值，给予投资者和使用方、受让方信心，从而吸引更多的投资机会。从团队和企业长期发展的角度来说，核心技术得到知识产权的保护，免除了相关风险，能够在此基础上持续开展研发和改进工作，提高产品的竞争力。

如表3-11所示，对知识产权保护属性的评价主要分为两部分：一是“建立科技成果研发全流程知识产权侵权预警机制和风险监控机制”，知识产权侵权预警机制是通过系统和流程提前发现和防范可能存在的知识产权侵权风险的制度设计，风险监控机制则是对知识产权相关风险进行持续监测、评估和控制的一整套措施体系。这一机制能够检验成果权属方是否建立、完善并实际应用相关机制，以支撑专利布局、商标保护、技术秘密管理乃至国际市场知识产权保护等工作，进而判断其抵御外部侵权和模仿、为成果转化提供法律保障的能力。二是“开展知识产权风险测评”，即对知识产权面临的潜在风险进行评估和衡量，以识别、分析可能对其价值和运营产生影响的风险因素。

表3-11 知识产权保护属性评分表

属性	二级解析	三级解析	计分/分
知识产权保护	建立科技成果研发全流程知识产权侵权预警机制和风险监控机制	机制完善并实际应用	3
		机制较完善	1
		无相关机制	0
	开展知识产权风险测评	定期开展	3
		开展过	1
		未开展	0

3.4 团队

科技成果的研发团队是科技成果开发、转化的基石。团队的领军人才或负责人在科技成果转化中常常扮演着组织者和决策者的重要角色，肩负着战略规划、资源调配、风险把控、团队管理等责任，其能力、经验和素质直接影响了转化的成效；而研发团队通常是转化的技术供给源和发起端，其技术能力、配合状态等从根本上决定了成果转化的质量。因此，团队维度的评价分别从领军人才（或负责人）能力和研发团队能力两个方面展开[①]。

3.4.1 领军人才（或负责人）能力

团队领军人才（或负责人）是团队的灵魂人物。一般来说，团队领军人才侧重于引领团队在专业技术领域开展创新和突破，通常是在某个技术领域有较强的专业能力和影响力的人，可能承担着团队技术总师、技术代言人的角色，引领团队在前沿领域开展开创性工作；团队负责人则侧重于团队总体的组织协调和运作管理，负责设定科技成果研发、转化的目标，组织、协调团队内部分工和资源分配，把关工作进度和质量等，通过统筹工作、推动合作来保障团队的运转和技术发展。在科技成果转化中，领军人才或负责人都肩负着领导团队、决策发展方向的作用，因此，这个维度的评价关注其资历背景、研发业绩和领军经验三个部分，通过对其学历、职称、所获奖项、领导团队经验等的分析，判断其专业能力、管理实践经验、领导能力能否满足科技成果转化项目的需求（表3-12）。

① 首都科技服务业协会.科技成果转化成熟度评价规范：T/BTSA 001—2016[EB/OL].（2016-11-07）[2024-09-06].https://www.ttbz.org.cn/StandardManage/Detail/2302/.

表3-12　领军人才（或负责人）能力评分表

属性	二级解析	三级解析	计分/分
领军人才（或负责人）能力	资历背景	学历为博士研究生以上或职称为副教授/高级工程师以上（含）	3
		不符合上述条件	1
	研发业绩	曾获国际奖项	4
		曾获国家级奖项	3
		曾获其他奖项	1
		未获奖	0
	领军经验	5年以上或2次以上课题项目首席主持人经验（不含）	3
		有经验但不符合5年以上或2次以上课题项目首席主持人经验要求	1
		无经验	0

3.4.2　研发团队能力

科技成果的研发团队是由具备各类专业知识、技能和经验的人员组成的，他们共同效力于某个科技创新目标。推动科技成果产出的小组，通常包括科研人员、工程师、项目助理等。在科技成果转化中，研发团队作为发起端，决定了科技成果供给的技术水平和成果定位，同时，其综合素质也是保障稳定、持续地开展科技成果研发、生产、营销的重要支撑。对研发团队能力的评价主要从团队规模、团队背景、团队经验、团队状态四个维度展开，从能力的角度看，团队规模越大、成员技术职称越高，则认为其研发能力、专业背景越强；从团队协作的角度看，相关领域工作或合作经验越丰富、团队配合状态越好，则认为其分工越明确、工作效率越高（表3-13）。

表3-13 研发团队能力评分表

属性	二级解析	三级解析	计分/分
研发团队能力	团队规模	团队人数10人以上	2
		团队人数5～10人	1
		团队人数5人以下	0
	团队背景	高级职称人员占比达到50%（含）	3
		高级职称人员占比达到30%（含），未达50%	2
		高级职称人员占比30%以下	1
		无高级职称人员	0
	团队经验	该团队在该成果研发项目中有2年以上的合作经验或主要人员有4年以上相关经验	4
		有经验但未达到上述条件	2
		团队成员无经验	0
	团队状态	团队分工明确，任务责任目标清晰，团队配合状态良好	1
		不符合上述条件	0

3.5　转化前景

科技成果的转化前景指一项科技成果从实验室走向市场，被应用于实际生产、销售、服务，产生各类社会与经济效益的发展趋势和可能性，科技成果转化前景评价是对科技成果在实际应用、商业化过程中潜在价值和风险的综合评估，以判断其在所述领域的未来发展前景，预测其未来被行业市场认可、接受的情况等，从政策支撑、生产和投入、生命力、产品自有属性和市场属性等角度展开，涵盖了对其技术可行性、生产可行性、政策支撑力度、市场竞争力等多方面因素的综合考量和预测。

3.5.1　政策支撑

科技政策是国家、省、市等为促进科技发展、推动科技创新、规范科技活动并实现科技与社会协调发展而制定的一系列法规、方针、措施等。科技政策包括各类研发资助政策、知识产权保护政策、技术和人才引进政策、产业发展政策、创新创业政策、科技活动监督政策等，以明确国家和地区支持的高新技术范围、零部件和产品进出口限制、科技伦理要求等。获得政策支撑对一项科技成果的转化有重要影响，一项符合政策要求的科技成果能够享受政策引导配置的资金、技术等资源，例如政府专项基金、税收优惠等。同时，相关政策能够通过促进产业合作平台的搭建，推动产学研合作，打破创新主体之间的壁垒，提高成果转化效率，例如合作示范基地、成果转化平台的建设等。评估一项科技成果受政策支撑的程度，即对其产业化过程中受政策影响的程度、与政策的关联度进行判断，评估该科技成果是否符合所处地域和行业的发展趋势（表3-14）。

表3-14　政策支撑评分表

属性	二级解析	三级解析	计分/分
政策支撑	国家产业发展战略	不符合	0.02
		模糊符合	0.06
		明确符合	0.1
	省级产业发展战略	不符合	0.02
		模糊符合	0.06
		明确符合	0.1
	地方战略	不符合	0.02
		模糊符合	0.06
		明确符合	0.1

3.5.2　生产和投入

科技成果的生产和投入是表征产品投入产出之间经济效益关系的重要属性。从产品投入产出的角度来看，应重点关注产品的收益指数，收益指数用科技成果所获利润除以投入的总成本来计算。收益指数为正则表示产品具有正向的经济效益，指数越大，其经济效益越好。实际计算中，投入产出的具体计算方法可根据实际情况进行细化定义，例如产品成本除生产成本外，可能包括售后服务、维修维护的成本等。从产品工艺难度的角度看，应关注产品原材料及配套采购范围、生产协作范围、工艺属性等，原材料及配套采购越方便、生产协作跨度越小、自有工艺设备占比越大的产品，其生产难度和生产风险越低，生产成本相应也更加可控，相对而言竞争力更高（表3-15）。

表3-15 生产和投入评分表

属性	二级解析	三级解析	计分/分
投入产出	收益指数α	$\alpha=(p-C)/C$ p即单件产品市场价 C即单件产品总成本	$\alpha>1$计为1
工艺难度	原材料及配套采购	国际	0.2
		国内（省外）	0.4
		本省	0.5
	生产协作范围	国际合作	0.2
		国内合作（跨省）	0.3
		省内合作	0.4
		无须协作	0.5
	传统工艺	已有设备+购置设备+创新设备	0.2
		已有设备+购置设备	0.4
		已有设备	0.5
	创新工艺	已有设备+购置设备+创新设备	0.2
		已有设备+购置设备	0.4
		已有设备	0.5

3.5.3 生命力

科技成果在成果转化中的生命力体现为其研发生产方式、所属企业单位的综合实力及所属商品市场的需求情况。成果的研发生产方式是其自主权的重要影响因素，对于一个完全自主研发的产品，企业不仅拥有全部所有权，还能够灵活、高效地开展创新和再开发，确保科技成果在长期发展中能够持续迭代和优化；成果所属企业单位作为科技成果转化的核心载体，其综合实力直接决定了科技成果的生命力，企业体量大、科技能力和转化能力强，企业就能够更好地整合资源、洞察市场，推动成果产业化和商业化进程；成果所属商品市场则反映了其推广、应用的大环境情况，市场需求是否稳定、竞争态势是否明确，是科技成果能否长期发展、活跃的关键影响因素。因此，综合来看，可通过对科技成果的生命力进行综合评估，来预判未来该科技成果在其行业领域的发展、转化前景（表3-16）。

表3-16　生命力评分表

属性	二级解析	三级解析	计分/分
生命力	研发生产方式	购买	0.6
		合作研发	0.8
		自主研发	1
	企业综合实力（取三项均值）	企业净资产	100万元以下0.2分，100万元及以上0.4分，每增加100万元增加0.2分，最高1分
		科技人员占比	科技人员比例值
		同类成果成功转化经验	有，计1
			无，计0
	市场需求	不受社会、自然、科技进步影响	0.1
		受社会、自然、科技进步一定影响	0.08
		受社会、自然、科技进步影响大	0.05

3.5.4　产品自有属性和市场属性

科技成果的产品自有属性和市场属性是结合产品自身特点及市场特点对科技成果转化价值作出的评价。产品自身特点即产品自有属性，包括其成熟度、先进度，能够反映产品系统的集成化运行能力和技术属性。市场特点则从市场成熟度的角度，考虑市场上竞争品的状态、市场需求的状态、按市场主体性质分类的市场类型、产品市场销售渠道是否成熟等，能够帮助相关人员掌握市场竞争结构、市场接受程度等，以此判断产品潜在的商业价值和社会价值（表3-17）。

表3-17　产品自有属性和市场属性评分表

属性	二级解析		三级解析	计分/分
产品自有属性和市场属性	成果成熟度	基础研究	成果成熟度小于或等于3	0
		系统研制	成果成熟度等于4	1
			成果成熟度等于5	2
			成果成熟度等于6	3
		系统试验	成果成熟度等于7	5
		系统运行	成果成熟度等于8	8
		推广应用	成果成熟度等于9	10
	成果先进度	国际领先水平（先进度大于或等于6）	传统技术	0.3
			融合技术	0.4
			高新融合技术	0.5
		国内领先水平（先进度4～5）	传统技术	0.3
			融合技术	0.4
			高新融合技术	0.5
		行业先进技术（先进度3）	传统技术	0.2
			融合技术	0.3
			高新融合技术	0.4
		一般技术（先进度1～2）	传统技术	0.1
			融合技术	0.2
	市场成熟度	同类产品	有革新的同类产品	1
			有同类产品	2
			无同类产品	3
		市场需求	可有可无	1
			需要	2
			渴望	3
		市场类型	小众市场	1
			定向市场	2
			大众市场	3
		销售渠道	无渠道	1
			有渠道但不成熟	2
			渠道成熟	3

4 科研院所科技成果转化调研分析

4.1 广州黄埔区科研院所科技成果转化调研概况

4.1.1 调研背景

当前，科研院所科技成果转化已成为推动区域经济发展、产业升级和竞争力提升的重要环节。广州市作为中国南方的重要经济中心，一直高度重视科技创新和成果转化应用，而黄埔区作为广州市科技创新的重要板块，在国家战略科技力量与科技成果转化方面取得了显著成效，是我国科研院所创新发展和科技成果转化的典型区域。因此，为深入掌握我国科研院所当前科技成果转化现状，本书将广州黄埔区科研院所作为典型代表，组织开展了针对黄埔区科研院所科技成果转化的调研。

本次调研共覆盖黄埔区35家科研院所，涉及生物医药、新材料、通信、集成电路、人工智能、仪器装备、生态环境等多个领域。调研过程中，采用了问卷调查、资料分析、现场走访等多种调研方式，广泛采集各科研院所的基本信息、成果信息，考察科研院所科技发展和成果转化情况，确保调研结果的全面性和准确性，以期深入掌握科研院所科技发展、科技成果研发和转化的实际情况，总结科研院所成果转化实践经验及面临的问题和挑战。

4.1.2 总体情况分析

黄埔区是我国科研院所创新发展和科技成果转化的典型区域。近年来，在科研院所的管理和发展上，黄埔区通过政策、人才、资金的支撑辅助，强力释放了各科研院所的科技发展、成果转化潜能：在政策布局上，黄埔区紧跟国家战略部署，从技术供给、资金支持、收益分配等角度激发创新活力；

在主体建设上，以高水平研究院、新型研发机构为支撑的“2+3+N”战略科技创新平台集聚成势，形成了促进科技成果转化的核心力量；在经费支持上，黄埔区研发经费投入强度屡创新高，达到国际先进水平；在人才培育上，大力引进、汇集科技人才，高层次人才数量居全市第一。经过多年发展，黄埔区科研院所进一步实现了科技创新高质量发展。本书调研了黄埔区35家科研院所，统计梳理主要科技成果296项，其中，28家科研院所已有在研或已转化科技成果。各平台科技成果数量统计如表4-1所示。

表4-1　黄埔区各重大科技创新平台科技成果数量

序号	科研院所名称	科技成果数量/项
1	生物岛实验室	7
2	广东粤港澳大湾区国家纳米科技创新研究院	35
3	广东粤港澳大湾区黄埔材料研究院	11
4	广东大湾区空天信息研究院	8
5	广东省大湾区集成电路与系统应用研究院	12
6	广东人工智能与先进计算研究院	10
7	广东腐蚀科学与技术创新研究院	38
8	广东粤港澳大湾区硬科技创新研究院	4
9	广东粤港澳大湾区协同创新研究院	9
10	广东省新黄埔中医药联合创新研究院	11
11	广东省新一代通信与网络创新研究院	6
12	西安电子科技大学广州研究院	4
13	中新国际联合研究院	20
14	华南生物医药研究院	3
15	清华珠三角研究院	21
16	浙江大学华南工业技术研究院	4
17	广州市大湾区虚拟现实研究院	4
18	广东省大湾区华南理工大学聚集诱导发光高等研究院	29
19	广州海创产业技术研究院	6
20	广东省麦思科学仪器创新研究院	3
21	国家新型显示技术创新中心	3

（续表）

序号	科研院所名称	科技成果数量/项
22	广东华南新药创制中心	14
23	粤港澳大湾区高性能医疗器械创新中心	5
24	广东畅气通络智能佛手研究院	2
25	中国（广州）智能装备研究院	2
26	生态环境部华南环境科学研究所	19
27	华南理工大学超级机器人研究院（黄埔）	3
28	广东省工业软件创新中心	3

各平台布局基础科研和应用技术研究，形成的科技成果涉及软硬件、服务平台、医疗器械、技术方法等多个类型，其中，一般硬件、技术方法类型的成果较多，分别占全部成果的38%、27%（图4-1）。平台聚焦于产业创新前沿技术，研究方向涵盖生物医药、人工智能、新材料、芯片、污染防治等多个领域，致力于推动关键核心技术突破和成果产业化应用，其中，生物医药、新材料领域的科技成果占比较大，分别为30%、19%（图4-2）。

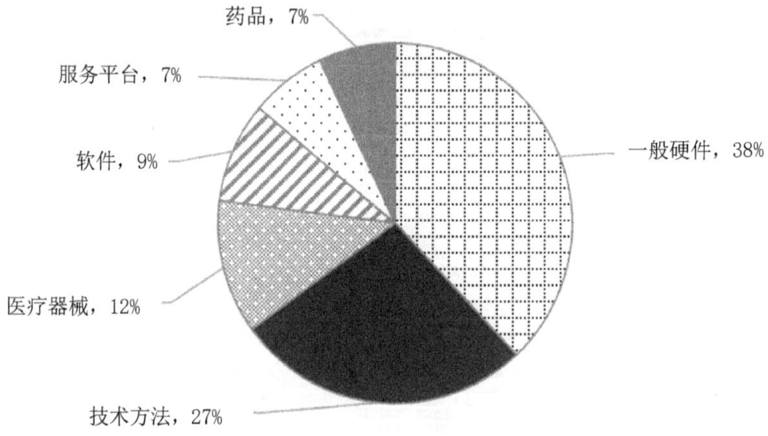

图4-1　黄埔区重大科技创新平台科技成果类型分布

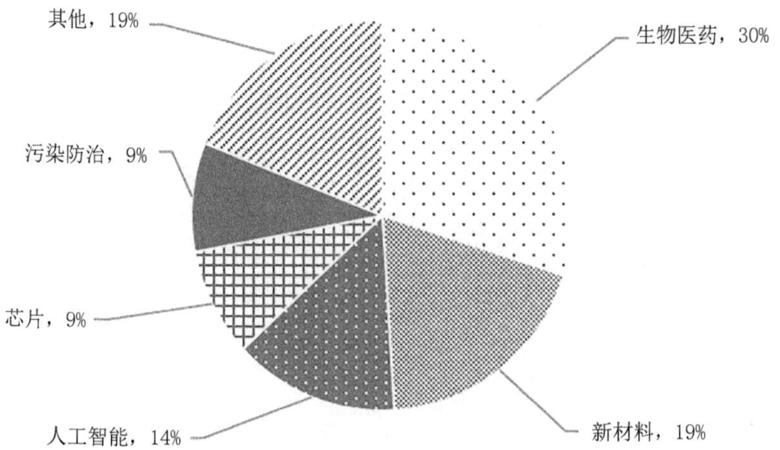

图4-2　黄埔区重大科技创新平台科技成果技术领域分布

平台科技成果的技术成熟度总体较高，成果产业化导向明显。296项科技成果中，技术成熟度7级及以上，即达到转化条件的科技成果共149项，占总成果数的50.3%，这部分成果已完成技术研发，开发形成产品，通过批量生产、销售等方式投入实际应用和推广，或开展企业孵化、项目运营等，将科学研究转化成实际的生产力，创造经济效益。技术成熟度4～6级的科技成果共117项，占总成果数的39.5%，这部分成果正处于技术攻关和演示验证阶段，在合适的技术和市场条件下，能够进一步完成成果转化，是丰富的成果转化技术供给储备。此外，还有12项科技成果正处于原理和技术概念验证阶段，技术成熟度1～3级，占总成果数的4.1%，这部分科技成果当前更关注于技术原理的验证分析，距离产业化阶段较远（图4-3）。另有18项科技成果因数据不足，尚不能判断其成熟度。

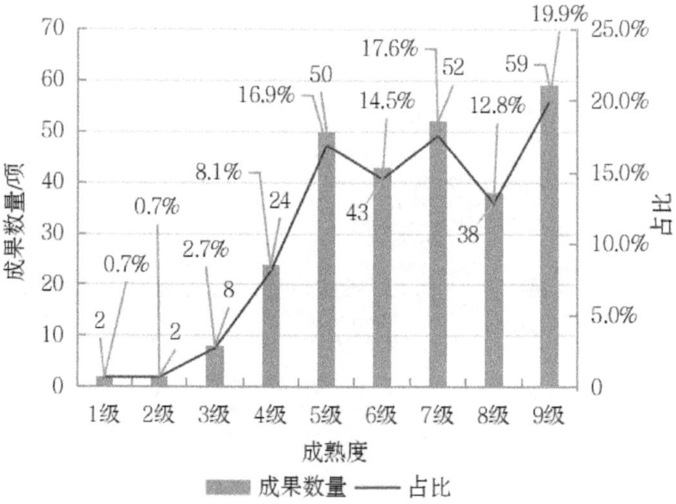

图4-3　黄埔区重大科技创新平台科技成果技术成熟度分布

总体来看，当前黄埔区重大科技创新平台成果转化态势好、发展潜力大，成果供给资源丰富，产业化应用导向明显，形成了区内科技成果转化、科技创新发展的核心动力。

4.2 科技成果评价

4.2.1 新型实感计算平台

新型实感计算平台是科研院所自主研发的可编辑实感计算系统。大规模的智能计算集群与高端专用计算平台，可为行业提供定制化智能计算、智能应用服务，解决制约行业发展的计算瓶颈问题。该平台主要应用于大数据处理、海量数据计算等领域。

新型实感计算平台已全部开发完成，技术状态已固化，已在实际使用条件下通过功能、性能验证，达到使用要求，并对外销售、服务，经多个用户充分使用，实际效果良好，获得了用户认可，形成了售后及技术支持服务方案，能够保障产品的持续使用及维护，技术成熟度达到8级。

新型实感计算平台在米波至十米波波段应用时，获得了很高的时间分辨率和频率分辨率。由于米波至十米波波段太阳辐射源的位置、形态以及随时间和空间的演变特征有高时间分辨率的要求，所以需要在较高的空间分辨率和频率分辨率下对太阳进行频谱成像观测。在该波段的成像方面，国际上目前还没有专门的太阳射电日像仪，主要是利用非太阳专用设备，例如 LOFAR/MWA 等射电阵列可在短时间内进行探测实验。在国内，目前尚没有任何设备能够在米波至十米波波段对太阳进行频谱成像观测。该成果的关键指标高于公开报道的或第三方检测的一流品牌产品指标值，技术创新度为3级，技术先进度为5级。

新型实感计算平台的核心研究团队共7人，其中获高级职称1人，团队从事该项目3年，核心成员分工明确，在各自领域拥有丰富经验，团队配合状态良好。团队综合评分为13分。

新型实感计算平台是可应用于多个领域的通用实感计算设备，其市场周期尚处于初生阶段。2023年，其国内市场规模为25亿元，国际市场规模为100亿元；未来，国内市场量级有望达到100亿元，国际市场量级有望达到400亿元。团队对产品的目标客户群有着清晰的表达和准确的定位，明确其目标应用场景为量子计算测控系统、射电相关、高速实时信号处理等。团队能列出主要竞争对手及竞品名单，并进行了详细对比分析。同时明确成果转化应进一步提高产品集成度、减小设备体积、提高兼容性和可扩展性。该成果市场综合评分为40分。

项目团队拥有Ⅰ类知识产权授权数量2项，未产生知识产权转化转让收益，已建立科技成果研发全流程知识产权侵权预警机制和风险监控机制，且定期开展知识产权风险测评。该成果知识产权综合评分为16分。

成果产品已进入系统运行阶段，技术成熟度达到8级，技术先进度达到5级；成果原材料及配套可在国内实现采购，需要国内协作生产；已有《国务院关于印发计量发展规划（2021—2035年）的通知》《关于加强国家现代先进测量体系建设的指导意见》等五项支持成果发展的相关国家产业发展战略；市场类型属于定向市场，较为稳定，有同类产品竞争，但当前产品有较为成熟的销售渠道。该成果转化前景综合评分为21.77分（图4-4）。

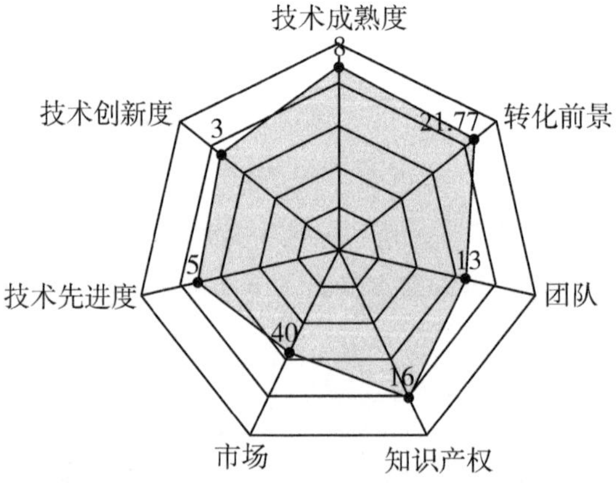

图4-4　新型实感计算平台科技成果评价雷达图

4.2.2 智慧针灸单元

智慧针灸单元兼具针灸特色诊断、治疗、评价功能，其研发主要针对传统针灸诊室设备、设施落后的状况。该设备以可实现针灸诊疗各种标准体位自动调节的诊疗椅为载体，配备自动出针器、火罐自动点火器等智能化针灸专用器具，并可智能化对接其他针灸诊疗设备，同时具备生理指标监测、实时疗效评价、隐私保护、语音呼叫和针灸教学等功能，能够提升医患双方的舒适度和体验感，提高医生针灸诊疗效率，引领针灸装备现代化发展方向。

智慧针灸单元已开发完成，产品已通过第三方检验检测，其最大安全载荷、运行参数等核心参数均达到测试要求，功能、性能得到验证，已通过质量管理体系考核，形成了生产管理和质控文件，并获得了二类医疗器械注册证，技术成熟度8级。

该科技成果的技术创新点在于能够实现多种创新功能，包括：突破多电机协同控制和电机集群协作技术，实现针灸诊疗各种标准体位的自动调节和常用体位的一键复位；突破信息感知、融合和图像识别等技术，实现针灸优势病种相关数字化诊断信息和疗效的实时显示，实现治疗的全流程监测；突破数字化人体图像和三维模型重建等技术，实现直观、立体、动态的针灸临床教学；突破光电融合技术和柔性压力传感技术，实现不同规格针灸针的自动出针；突破酒精喷射分离控制技术，实现火罐自动点火；等等。产品相关技术属于行业首创，技术创新度4级，技术先进度4级。

智慧针灸单元的研发领军人才长期从事针刺心血管及针药结合效应机理、穴位特异性、针刺手法科学原理等方面的研究工作以及针灸装备的研发工作，承担多项国家级及省部级课题，近年来在国际、国内学术期刊共发表70余篇学术论文，为全国中医药创新骨干人才，国家自然科学基金及北京市、湖南省、湖北省、黑龙江省、山东省、浙江省自然科学基金评议专家，并兼任广东省新黄埔中医药联合创新研究院针灸装备研究中心主任，中国针灸学会针灸技术评估工作委员会副主任委员兼秘书长，中国针灸学会针灸设施工作委员会副主任委员，北京生理科学会中医药专业委员会副主任委员，世界中医药学会联合会热敏灸专业委员会常务理事，中国针灸学会穴位贴敷专业委员会理事，《中国中医基础医学杂志》和《针灸临床杂志》编委，*Evidence-Based Complementary and Alternative Medicine*、《中国针灸》、《针刺研究》、《世界针灸杂志》及《中国中医基础医学杂志》特约审稿专家。核心研究团队共14人，其中获高级职称2人。团队聚焦该项目已开展2年研究，核心成员分工明确，在各自领域均拥有丰富经验，团队协作默契度高。团队综合评分为17分。

成果市场周期仍处于初生阶段。项目团队深入分析国家卫健委统计数据、国家中医药管理局相关标准及中医药政策后，明确以中医院、综合性医院、社区卫生服务中心等为目标市场。2023年，其国内市场规模为10亿元，国际市场规模为80亿元；未来，国内、国际预期市场规模将分别拓展至50亿元、150亿元。团队不仅能够清晰界定产品目标客户群，明确竞争对手，还总结出该科研成果具备显著的多点竞争优势：可实现针灸特定4种标准体位的自动调节与常用体位的一键复位；成功突破信息感知、融合及图像识别等关键技术；能够实时显示针灸优势病种的相关数字化诊断信息与疗效，并对治疗全流程进行监测。基于以上表现，该成果市场综合评分为46分。

在知识产权方面，项目团队已拥有Ⅱ类知识产权授权4项，Ⅰ类知识产权申请6项、Ⅱ类知识产权申请8项，部分知识产权已产生转化转让收益。团队还建立起科技成果研发全流程的知识产权侵权预警与风险监控机制，并定期开展知识产权风险测评。该成果知识产权综合评分为19.6分。

在成果转化方面，该成果产品已进入系统运行阶段，技术成熟度达到8级，产品所需的原材料及配套部件均可在国内完成采购，生产环节依托省内区域生产协作完成，且现有设备已能够满足传统生产工艺要求；该成果产品面向大众市场，市场需求相对稳定，但仍会受到社会发展趋势、自然环境变化以及科技进步等因素的影响，而且团队尚未搭建销售渠道。该成果转化前景综合评分为22.47分（图4-5）。

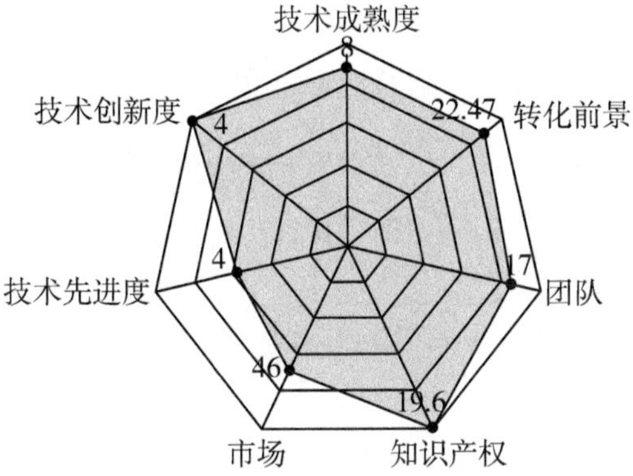

图4-5　智慧针灸单元科技成果评价雷达图

4.2.3　AIE磁性指纹粉末系列产品

痕迹检测系列产品包括AIE绿色荧光磁性指纹粉末（图4-6）、AIE指纹喷显悬浮液、AIE潜血显现试剂等。AIE指纹粉末经特殊AIE材料和工艺加工而成，具有荧光亮度高、附着力强、分辨率高、不受背景干扰、不易受潮、不飞扬、不结块、流动性好、无损检验不破坏DNA、无毒害等特点。AIE指纹喷显悬浮液能够弥补指纹粉末在潮湿或浸水环境下无法使用的不足，适用于全部非渗透性客体和部分半渗透性客体，可以清晰显现指纹三级特征。AIE潜血显现试剂可显现稀释10000倍的血迹，显色持久且不褪色、不影响DNA提取，主要应用于公安系统刑侦现场勘查、交通事故现场勘查、司法鉴定机构检验取证。痕迹检测系列产品已开展AIE绿色荧光磁性指纹粉末、AIE荧光指纹喷显悬浮液、AIE双色指纹喷显悬浮液、AIE潜血显现试剂产品的转化和应用

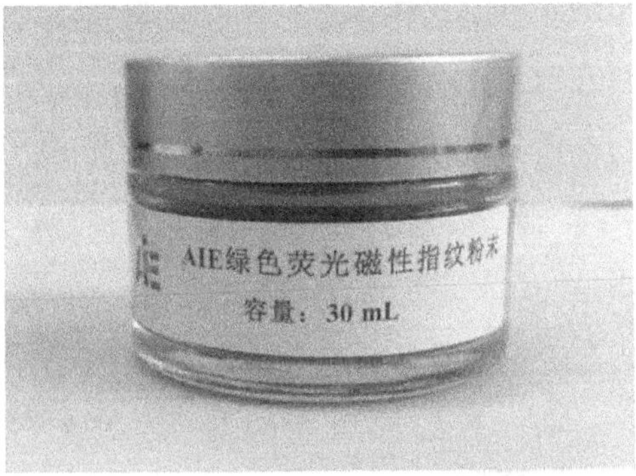

图4-6　AIE绿色荧光磁性指纹粉末

销售。

痕迹检测系列产品已完成部分产品开发，产品各项功能、性能已得到验证，产品已经过权威单位的毒性检测并已在全国公安机关推广，完成小规模销售使用，得到用户认可，技术成熟度8级。

成果产品性能优于市面上的同类产品,尽管传统材料已广泛应用于指纹检测相关产品，但将AIE材料应用于指纹显现的较少，因此该成果的技术创新度和技术先进度均为1级。

成果核心研究团队共3人，其中1人具备高级职称。团队已深耕该项目2年，核心成员分工明确，在各自领域拥有丰富的经验，团队配合状态良好。团队综合评分11分。

在市场现状与前景方面，痕迹检测系列产品的市场周期已步入成熟期。2023年，其国内市场规模达2000万元，国际市场规模为5000万元。未来，国内市场规模预计将增长至3000万元，国际市场规模也将大幅提升。研发团队目标客户十分清晰，明确公安系统刑警、交警及司法鉴定机构检验人员等为目标客户群体，并深入开展竞品分析，明确竞争对手在国内公安系统市场占有率高、潜血显现产品类型丰富等特点。同时，也清晰指出该成果具备荧光亮度高、不受背景干扰、灵敏度高，且一款产品可替代现有多种产品的显著优势。该成果市场综合评分为50分。

项目团队已有Ⅰ类知识产权申请3项，目前尚未产生知识产权转让收益，也未建立科技成果研发全流程知识产权侵权预警及风险监控机制。知识产权综合评分为2.4分。

在成果转化方面，该成果已进入系统运行阶段，技术成熟度达8级。其原材料及配套均可在本地区完成采购，无需跨区域生产协作，且已配置相关生产设备。该成果市场类型属于定向市场，需求稳定，但存在同类竞争产品。团队虽已搭建销售渠道，但尚不成熟。综合评估，该成果转化前景综合评分为21.04分（图4-7）。

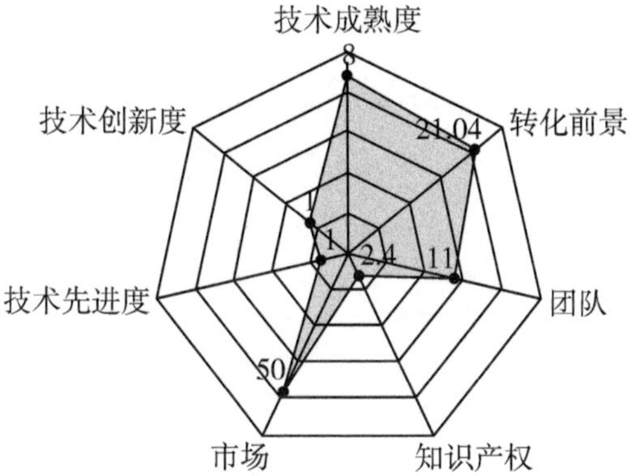

图4-7　AIE磁性指纹粉末系列产品科技成果评价雷达图

4.2.4　生物气溶胶单颗粒质谱仪

生物气溶胶单颗粒质谱仪具有宽粒径范围气溶胶进样系统，能够在线检测单个气溶胶颗粒物的生物荧光特征、粒径大小与化学组成，完成对大气环境的生物气溶胶准确识别与预警。相关成果已形成产品正样，并完成性能指标测试，满足应用需求，其目标应用场景包括卫生监督、重大集会、保障生物安全、无菌环境监测等。

项目团队已完成生物气溶胶单颗粒质谱仪产品正样的工程化开发，在实际使用环境下完成了系统产品的功能、性能验证，明确了生产工艺流程和检测方法，已在可控范围内通过用户试用的方式开展应用评价，产品能够满足用户需求，技术成熟度达到7级。生物气溶胶单颗粒质谱仪已被生物安全领域相关公司采购，用于质谱分析工作。

项目团队创新性研究了单颗粒质谱仪及其激光电离装置和激光电离方法，以及气溶胶颗粒束束宽及颗粒分布的检测装置、套装和方法，相关创新成果已获得专利授权。虽然尚无公开的国家标准对成果核心性能指标进行规定，但该成果的粒径范围、质谱粒子打击率等核心指标值比对国内外相似产品均有优势，技术创新度2级，技术先进度3级。

团队负责人擅长光学研究，具有6年设计工作经验，长期担任设计师及项目经理，具有3年项目主持经验及丰富的项目管理知识。团队核心成员均在相关领域从业5年以上，团队组成主要包括机械工程师、电子工程师、算法工程师、软件工程师、原理工程师等，他们对各自负责的工作均拥有比较丰富的经验，在项目研发过程中能够很好地相互配合，最终形成项目成果。团队综合评分为6分。

在市场现状与前景方面，生物气溶胶单颗粒质谱仪目前处于市场成长阶段。2023年，其国内市场规模已达10亿元，国际市场规模为20亿元。展望未来，国内与国际市场规模预计将分别增长至20亿元和30亿元。项目团队已对产品目标客户群形成初步定位，明确卫生检验检疫部门、医院、科研院所、高校、食品药品生产单位等为主要目标客户，并通过对竞争对手的深入分析，清晰展现出该科技成果的多点竞争优势。基于以上表现，该成果市场综合评分为52分。

在知识产权布局层面，项目团队积极开展知识产权工作，已有7项Ⅰ类知识产权申请、1项Ⅱ类知识产权申请，同时获得2项Ⅰ类知识产权授权，拥有8项技术秘密或专有技术，尚未产生知识产权转让收益，也暂未建立科技成果研发全流程的知识产权侵权预警及风险监控机制。该成果知识产权评分为16.2分。

成果转化进展上，该科技成果已处于系统试验阶段，技术成熟度达到7级，产品技术水平处于行业先进地位。在生产保障方面，相关原材料及配套设备均可在本地区完成采购，无需跨区域协作；现有设备已满足传统生产工艺要求，并已为创新工艺专门购置了新设备。政策支持层面，《2021年国家生态环境监测方案》《“十四五”市场监管科技发展规划》两项国家产业政策，将质谱法列入环境检测方法并要求开发质谱检测技术，有力推动了该产品在环境检测、食品安全等领域的应用。该成果面向定向市场，尽管当前市场存在同类产品，但市场对其需求旺盛，且需求表现出较强的稳定性，不易受社会发展趋势、自然环境变化以及科技进步等因素的影响。该成果转化前景综合评分为23.89分（图4-8）。

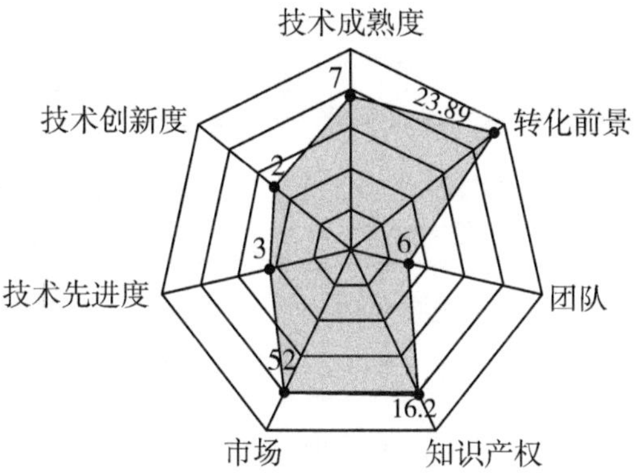

图4-8　生物气溶胶质谱仪科技成果评价雷达图

4.2.5　AIE荧光微球

AIE荧光微球基于聚苯乙烯包覆聚集诱导发光（AIE）分子开发而得，AIE材料在功能微球产品转化上已取得突破，可以实现不同光色、不同粒径、不同表面基团的调控。功能微球产品主要应用在两方面：一是作为IVD（体外诊断产品）检测的工业原料，能显著提高试剂盒检测的灵敏度和区分性等应用性能；二是作为科研耗材，用于体外或者体内的细胞成像、动物成像、海洋生物成像等高价值科研领域，实现超灵敏检测。目前，AIE荧光微球产品的性能已达到国际一流水平，不仅处于上市推广状态，还持续开展产品性能的更新迭代。基于AIE材料转化开发的微球产品有40余款，覆盖国内IVD领域以及科研耗材领域，经过内部评价和外部评价，产品综合性能远高于市售同类微球产品，同时可满足不同客户对产品在粒径、光色、表面基团等方面的定制化需求。产品已与多家上市公司签订采购合同，并产生多次复购，得到用户一致好评。

AIE荧光微球已完成开发工作，可依据客户需求定制产品。产品通过各项指标测试，性能获用户验证认可。生产线已建成并投入使用，具备小批量生产能力。同时，产品检验与质控流程规范，确保生产全程可追溯。关键材料

AIE供货渠道稳定，为持续生产提供保障。此外，相关技术已形成1项团体标准，技术成熟度达到8级。

相较于传统ACQ分子在高浓度或聚集状态下荧光减弱，使ACQ分子在嵌入荧光微球后存在斯托克斯位移小、荧光量子产率和合成效率低等缺陷，AIE材料成功攻克这些难题。AIE荧光微球利用AIE分子在微球中的聚集诱导发光特性，创新性解决传统荧光素微球斯托克斯位移小的问题，为微球产品荧光易猝灭的弊端提供全新解决方案，成果技术创新度达到3级。在应用性能方面，其核心指标信号值、区分性和线性范围达到国际一流品牌标准。经内外部评价，尤其在炎症、毒品和食品安全试剂盒验证中，综合性能显著优于市售同类产品，技术先进度达到6级。

项目团队负责人长期专注新型光电功能材料设计及光物理过程研究，曾获国家自然科学基金青年基金项目和面上基金项目资助，深耕有机发光材料激发态研究领域，在有机深蓝光材料制备和新型AIE荧光探针方向，累计发表80余篇SCI论文，被SCI他引2900余次（H因子37），斩获近20项国内外发明专利。核心研究团队共9人，其中1人具备高级职称。团队深耕项目4年，成员分工明确，凭借丰富专业经验紧密协作，配合默契。团队综合评分为14分。

AIE荧光微球市场处于成长阶段。2023年，国内市场规模达3.8 亿元，国际市场规模达26.3亿元，未来市场规模尚难以有效预估。团队精准定位目标客户群，产品主要供应达安、华科泰、博岳等体外诊断试剂盒生产企业，用于高灵敏度试剂盒开发。虽已列出主要竞争对手名单，但暂未开展深入对比分析。该成果市场综合评分为54分。

在知识产权方面，项目团队拥有Ⅰ类知识产权授权4项，Ⅰ类知识产权申请7项，尚未产生知识产权转让收益，已建立完善的科技成果研发全流程知识产权侵权预警与风险监控机制，并定期开展知识产权风险测评。该成果知识产权综合评分为11.6分。

在市场转化方面，AIE荧光微球已进入系统运行阶段，技术成熟度达到8级，技术先进度达行业先进水平。在产品生产方面，其原材料及配套物资均可在本地区完成采购，无需开展跨区域生产协作，现有设备已能满足传统生产工艺要求，团队还专门购置了适配创新生产工艺的设备。在政策支持层面，《新材料产业发展指南》《中华人民共和国国民经济和社会发展第十四个五年规划和2035年远景目标纲要》两项政策支持成果发展，产品符合我国未来新材料产业发展重点。从市场维度来看，该产品面向定向市场，市场环境稳定。当前，市场对AIE荧光微球需求迫切，但需求规模会受到社会发展趋势、自然环境变化以及科技进步等因素的动态影响。综合各方面因素评估，该成果转化前景综合评分为20分（图4-9）。

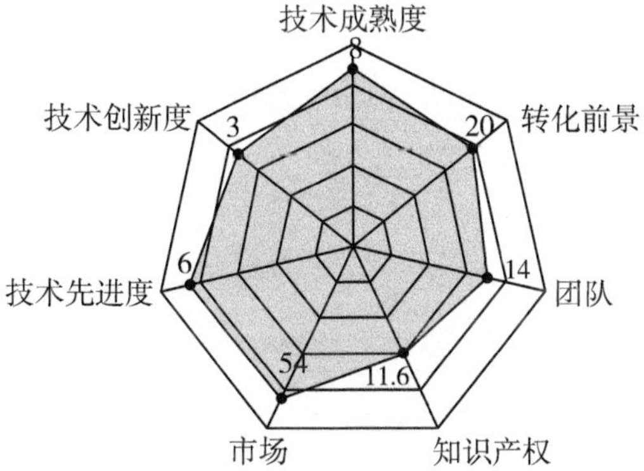

图4-9　AIE荧光微球科技成果评价雷达图

4.2.6　方志管理发布软件

方志管理发布软件能够实现将方志资源对应的数字对象进行分发投送，支持批量选择相关成品信息向外部机构发布，并允许灵活选择发布渠道和格式，同时还可批量推送资源的元数据信息。该成果以云计算技术和“大数据+”模式为基础，构建起方志业务管理一体化服务体系，为内容发布管理、智能推荐以及用户管理等方面提供全面的功能与技术支持。

方志管理发布软件已通过软件产品验收会，实际使用效果完全达到设计预期目标。目前，软件已交付典型用户，在受控范围内投入使用。在实际运行环境中，软件各个模块的功能和性能均得到充分验证，经过长时间稳定可靠的运行，其稳定性与实用性获得用户认可。该成果技术成熟度达到7级。

该成果的核心创新点在于采用数据驱动架构（图4-10），以高度灵活且易于管理的特性主动推送数据，并通过保障逻辑上的数据整体性，实现应用业务的整体性。经检索国内公开论文、专利、官方网站及权威媒体报道等数据来源发现，在该成果的应用领域内，尚未出现与该创新点相同的信息。同时，软件的核心性能指标值与功能参数值达到国内行业现有标准，技术创新度为1级，技术先进度为2级。

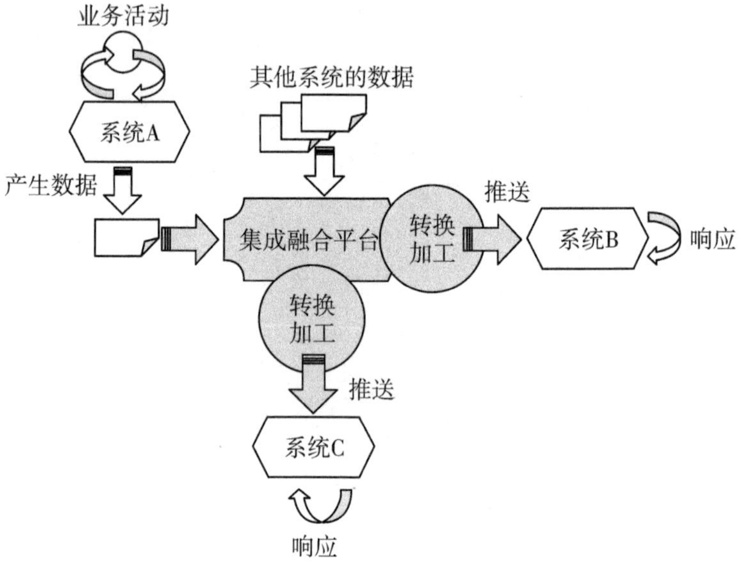

图4-10　方志管理发布软件数据驱动架构

方志管理发布软件的领军人才深耕大数据、物联网、GPS、人工智能、虚拟计算及复杂软件巨系统架构技术等领域，著有《高级程序设计》《智能决策支持系统实现技术》《面向对象程序设计高级教程》等多部教材与专著，曾负责一系列国家级、省部级大型信息化建设项目，近年来还在智慧城市、智能交通、智慧园区等多个领域，主导研发实施综合性大型智慧软件系统。成果核心研究团队由27人组成，其中8人具备高级职称。团队已围绕该项目深耕8年，成员分工明确，凭借各自领域的丰富经验高效协作，配合默契。团队综合评分15分。

方志管理发布软件虽已步入市场成熟阶段，但当前国内外市场规模较小，未来市场量级尚难以有效预估。团队对产品目标客户群定位精准，不过尚未梳理主要竞争对手名单，也未开展针对性的对比分析，致使科技成果的竞争优势暂时无法体现。该成果市场综合评分为35分。

在知识产权方面，项目团队目前尚未持有与该成果相关的专利，未产生知识产权转让收益，暂未建立科技成果研发全流程的知识产权侵权预警机制、风险监控机制，知识产权风险测评工作也暂未开展。

当前，方志管理发布软件技术状态已稳定固化，开发工作已完成，并在适配的应用场景中投入实际使用，处于系统试验阶段，技术成熟度达7级。该成果采用自主研发模式，全程由项目团队内部协作完成，无需外部介入。软件的应用与推广契合《地方志工作条例》等国家发展政策，顺应社会发展需求。软件面向定向市场，已处于成熟阶段，但该成果尚未搭建销售渠道，仅在国内拥有一定的市场规模。不过从长远来看，国内外市场规模均具备增长潜力。该成果转化前景综合评分为15.74分（图4-11）。

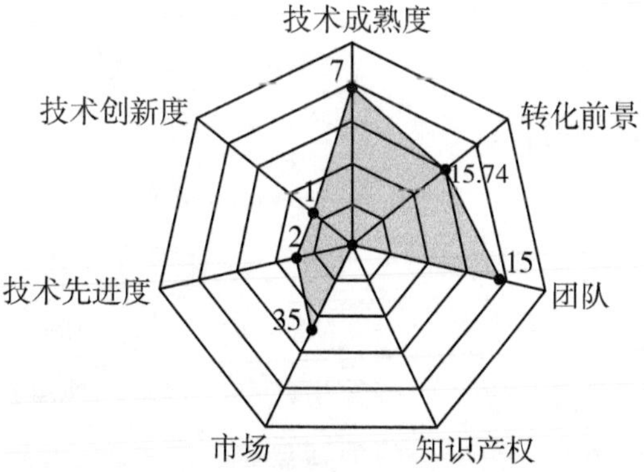

图4-11　方志管理发布软件科技成果评价雷达图

4.2.7　智能化数字媒体SaaS云平台

智能化数字媒体SaaS云平台融合流式推理、平台集成、2D/3D虚拟数字人技术等多项能力，构建了“创建—生产—展示”一站式服务体系。平台集成2D/3D虚拟数字人建模、AI配音等功能模块，支持用户通过线上流程完成虚拟数字人的定制化创建与商业化应用（图4-12）。针对行业内虚拟数字人研发流程割裂的痛点，该成果致力于打造覆盖虚拟数字人形象获取、生成及应用的全链路数字化创作平台，并将其广泛应用于文旅、生物医药、科普教育等多个领域。

图4-12　云平台配套数字人制作棚

平台技术状态已固化，且已正式对外提供服务，其中“虚拟人”技术实现规模化市场落地，已产生一定的市场销量。平台的服务模式与运行机制在实际业务场景中已获得认可，服务效果显著，技术成熟度达到9级。

智能化数字媒体SaaS云平台的创新点在于：

①2D虚拟数字人克隆技术。传统技术普遍面临诸多局限，现有方案通常需从零搭建端到端网络模型，单次定制需耗费5～7天录制视频数据，且这些数据往往仅适用于特定定制场景，复用性极低。此外，传统虚拟人仅能输出

采集过的语言内容，导致制作成本较高。而项目团队采用预训练大模型、数字人唇形动作驱动、数字人生成及语音克隆等技术，各技术环节可独立解耦、灵活复用。依托NVIDIA DGX-A100人工智能超级计算机构建的AI模型，仅需分钟级别少量数据，即可克隆真人形象，特征还原度高达99%。同时，该技术支持多语言内容生成，可适应多种应用场景。

②3D虚拟数字人克隆技术。当前，国内外市场上较为领先的3D虚拟数字人创建与交互方案，普遍依赖昂贵的进口设备，成本极高且不便利。而项目团队研发的3D虚拟数字人克隆技术实现了全方位突破。在建模方面，团队采用多光源高精度阵列相机建模，能够实现3D人物形象的超写实还原。同时，利用单个RGB摄像头即可完成动作捕捉，可在不同场景下快速构建动作库，大幅降低动作采集的设备门槛。在数字人驱动方面，团队构建了全链路深度神经网络模型，分别可通过文本语音（成本低廉、驱动效率高）、单RGB摄像头捕捉真人动作（使用门槛低、轻松适配不同应用场景）对数字人进行驱动。凭借这些技术优势，该克隆技术将3D虚拟数字人的生成时间从过去的数周甚至数月，大幅缩短至不到1小时，且无需穿戴设备，真正实现了低成本、高效率的创作流程。最终生成的3D虚拟数字人，在真实感与仿真度上达到行业最优水平。

③虚拟人交互。项目团队通过构建垂直领域大语言模型，并对其进行深度训练与微调，成功实现了虚拟人交互大脑的定制化开发，同时可面向不同领域实现交互。不仅如此，该交互技术可通过积累不同领域的知识，不断更新迭代垂直领域的大语言模型，使交互大脑更加适应应用场景，从而使得虚拟数字人对真人问题的回答更加精准。综合来看，其技术创新度达到2级，技术先进度达到2级。

智能化数字媒体SaaS云平台的领军人才已拥有4项发明专利，发表50余篇国际论文，出版1部专著，并开展1项“国家重点自然基金”项目，2018年荣获服务计算领域国际顶级学术会议ICSOC的“最佳服务贡献奖”，曾担任深圳市悦保科技有限公司CTO、荔枝集团人工智能算法VP、阿里巴巴集团算法专家等重要职位。整个核心研究团队由24名成员组成，团队围绕该项目钻研6年，核心成员分工明确，在各自领域经验丰富，团队协作默契。团队综合评分13分。

目前，项目成果智能化数字媒体SaaS云平台所处市场周期仍为成长阶段。据量子位《2021年虚拟数字人深度产业报告》预测，到2030年，中国虚拟数字人市场规模预计将达到2700亿元，其中身份型虚拟数字人市场规模可达1750亿元，服务型虚拟数字人市场规模也将达到950亿元，这说明该产品市场前景广阔。研发团队对产品目标客户群有着精准的定位与清晰的认知，能够列出主要竞争对手名单，并有相应的对比分析，明确团队科技成果在技术、成本、应用场景适配等方面的多点竞争优势。该成果市场综合评分为58分。

项目团队目前已拥有Ⅱ类知识产权授权7项，Ⅱ类知识产权申请7项，已产生知识产权转让收益，已建立科技成果研发全流程的知识产权侵权预警机制与风险监控机制，并定期开展知识产权风险测评。该成果知识产权综合评分为13.2分。

智能化数字媒体SaaS云平台技术成熟度达到9级，各项核心技术均已通过实际场景验证，具备大规模推广应用的条件。智能化数字媒体SaaS云平台的研发过程属于自主研发，平台软件的开发完全由项目团队内部完成，平台的硬件搭建在国内能够得到稳定供应，无需生产协作。智能化数字媒体SaaS云平台满足当前信息时代的需求，将人工智能进一步实体化，同时也符合国家及地方相关政策的要求。其推广市场属于大众市场且处于成长期，在未来的发展中，预计市场规模将达到千亿级别，市场需求巨大。该成果转化前景综合评分为24分（图4-13）。

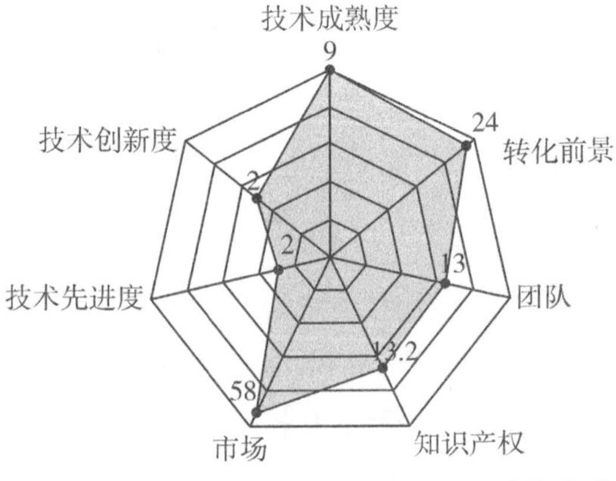

图4-13　智能化数字媒体SaaS云平台科技成果评价雷达图

4.3 科研院所科技成果转化典型案例

黄埔区各重大科技创新平台积极推动科技成果转化，形成了一批典型案例，本节基于深入调研和挖掘，对相关科技成果转化成功案例进行整理，总结各类典型成果转化案例的转化背景、转化方式及成效，供各方参考，以期形成示范效应。

4.3.1 量子点PS光学扩散板

简介：量子点材料是一种半导体荧光纳米材料，该材料凭借量子点技术结合Mini LED背光的技术路线，为客户提供了高亮度、高色域、高对比度的解决方案，且兼具高性价比的优势。2022年，在显示市场低迷的情况下，Mini LED背光电视、平板电脑、显示器、笔记本电脑市场仍保持高速成长，据Omdia预计，到2025年，仅Mini LED电视出货量就将达到2500万台，量子点需求量将迎来高速增长。该科技成果供方科研院所的量子点项目团队通过系统解决量子点复合材料高稳定性的世界性技术难题，开发出了全球首款达到商业应用标准的量子点PS光学扩散板，打破了国外专利限制。同时提升了量子点复合材料的稳定性，使其不再依赖水氧阻隔材料，这使该成果具备了巨大的成本优势，能够实现整机厂家的智能装配，降低整机厂家的人工成本，为万亿液晶产业的提质升级提供关键技术支撑。

转化方式：结合国家战略背景和市场需求，成果供方科研院所引进“新型显示用半导体荧光量子点的研发及产业化”项目，通过构建项目孵化平台支持成果转化和产业资源对接，完成对项目团队科技成果赋权。项目团队成立孵化公司，成果供方科研院所以知识产权出资的方式支持孵化公司利用创新科技成果实施产业化。

转化成效： 孵化公司于2022年3月成立，同年9月正式投入生产运营，并在当年实现营收2000多万元，开发的高稳定性商用量子点材料和量子点光学扩散板等产品已开展规模性商业化交付，并获得多方资本高度关注。

4.3.2 高端轮胎

简介： 该成果供方科研院所将航空轮胎大科学装置产出的新材料及高端轮胎硬核技术外溢到以民航轮胎、特种工程轮胎和新能源专用轮胎（图4-14）为代表的高端轮胎制备中，形成产业聚集效应，将高端轮胎产品产业化。

图4-14 新能源专用轮胎

转化方式： 科研院所通过知识产权作价入股模式，与区属投资集团有限公司联合成立公司，推动高端轮胎产品产业化。

转化成效： 新公司推动技术成果产业化，截至2023年8月，以“Whampoa”为商标的新能源专用轮胎、特种轮胎产品已实现销售收入4000余万元。

4.3.3 汽车新能源三电系统应用

简介： 该成果供方科研院所基于深入的行业研究分析，在集成电路系统应用领域引进汽车电子系统应用的人才，成立汽车电子系统事业部，布局汽车新能源三电系统应用。团队研发出SiC模组设计、汽车电子基础软件、功能安全和信息安全开发、电机控制驱动等产品和服务，相关成果获得市场认可，并孵化公司推动产品市场化开发，推动搭建国际先进的车规功率模块封装产线，投资关键测试设备，实现全工艺流程封装制造测试，并深入研发基于SiC功率半导体的电机控制系统，获得国内首张ASIL D碳化硅电机控制器产品认证证书（图4-15）。

图4-15　产品获得ASIL D碳化硅电机控制器产品认证证书

转化方式：该成果供方科研院所下属全资资产管理公司与汽车电子系统团队共同成立产业化公司，供方科研院所将下属公司主营业务相关技术成果的知识产权交第三方评估机构进行资产评估，按评估价格转让给产业化公司，后续由产业化公司利用该专利进行商业拓展。

转化成效：产业化公司自2021年成立以来已获得超过26家新能源汽车头部企业（包括一汽、东风、亿纬锂能等）合同订单。截至2023年，该公司已完成天使轮、A轮及A+轮融资，累计融资金额过亿元。

4.3.4　新型实感计算平台

简介：该成果供方科研院所在智能信息系统、高速电子装备、智能计算集群架构、高性能服务器与配套产品、智能算法应用领域积累了深厚经验，研究开发了新型实感计算平台“香雪-HP001”。该成果通过构建大规模的智能计算集群与高端专用计算平台，提供行业定制化智能计算、智能应用服务，解决了制约行业发展的计算瓶颈问题。2019年，成果供方科研院所孵化成立公司，专注于面向人工智能和高性能计算开展产品开发和技术突破，研发高密度AI服务器“香雪-3B”等系列产品。

转化方式：依托供方科研院所深厚的技术基础，孵化形成产业化企业，开展各类高实时计算平台、芯片、系统与智能施工等相关方向产品的产业化工作。

转化成效：孵化公司已通过国家“高新技术企业”认定。高算力、高密度AI服务器“香雪-3B”（图4-16）在全球权威AI性能基准评测机构MLPerf™测评中总成绩排名全球第一。新型实感计算平台“香雪-HP001”应用到大科学装置FAST、子午二期工程项目米波十米波射电日像仪工程中，并应用到20超导多量子比特纠缠态制备上。同时，该平台被美国加州理工大学和新墨西哥大学选为大型射电探测阵的实时中央信号处理单元，是国外用户首次采用的国产大型射电探测成套核心设备。

图4-16　新型实感计算平台实物图

4.3.5　智慧针灸单元

简介：针对传统针灸诊室设备设施落后、患者体验感欠佳，针灸医生诊疗负担重、服务效率低下、职业劳损频发，学科整体水平有待提升等问题，成果供方科研院所研发了针灸特色诊断、治疗、评价三位一体的智能化针灸诊疗标准单元。该产品实现了针灸诊疗体位的自动调节和一键复位，通过信息感知、融合和图像识别等技术，实现了数字化诊断信息和疗效的实时显示，极大地改善了传统诊室的弊端，提升了医患双方的舒适度和体验感，提高了针灸医生诊疗效率，引领了针灸装备现代化发展方向。

转化方式：成果供方科研院所与相关领域研究所合作研发，共有知识产权，同时通过知识产权转让的方式，受让某大学部分知识产权，完成基础研究积累，在此基础上进一步开展产品开发，完成产品取证，并以知识产权作价入股的方式和专门的技术转移平台共同建立项目公司，通过该公司开展营销推广，形成转化，实现产品销售。

转化成效：该针灸诊疗产品已研发完成并取得二类医疗器械注册证。经过小批量生产且在实际环境中充分使用后，获得了广泛认可。在未来3～5年，针灸装备产品市场总额预计将达到30亿～50亿元。从长远来看，随着产品的升级换代以及社区中医馆针灸装备的配备加入，相关产品市场将会产生新旧交替滚动的局面，进而带动产业链的更新发展。

4.3.6　正藤饮植物饮料

简介：近年来，国家对中医药的发展给予了前所未有的高度重视，明确指出需遵循中医药自身的发展脉络，加速推动其现代化与产业化进程。面对新型冠状病毒的全球挑战，尤其是在广州市疫情呈现局部聚集与零星散发交织的复杂态势下，中医药以其独特的优势，在预防、治疗新冠疾病和重症救治及康复等多个环节均展现出显著成效。鉴于中医药在抗击疫情中的卓越贡献，成果供方科研院所迅速响应，设立了“中医药阻抑新冠肺炎传播的临床和基础研究专项”。该项目由院士亲自挂帅，携手国内7所顶尖的中医药大学，通过深入合作与科研攻关，共同筛选出高效、安全的中药处方。在充分研究新冠防治处方的基础上，项目团队精选既具药用价值又符合食品安全标准的药食同源植物成分，精心调配出“正藤饮”这一创新产品（图4-17）。正藤饮作为一款为预防新冠病毒感染而设计的食品级健康饮品，不仅蕴含了中医药的精髓，还通过专业团队的精心转化与运营，实现了科技成果向市场应用的成功跨越。

转化方式：该产品在成果供方科研院所的技术支持下实施转化，并由科研院所投资设立的成果转化平台公司专业团队对科技成果实施成果转化运营，成功将科技成果转化为实际产品并推向市场。该公司积极构建投资合作网络，链接供应链、运营及渠道伙伴，使产品上市并快速进入京东、中石油便利店等渠道市场，拓宽了产品覆盖面。

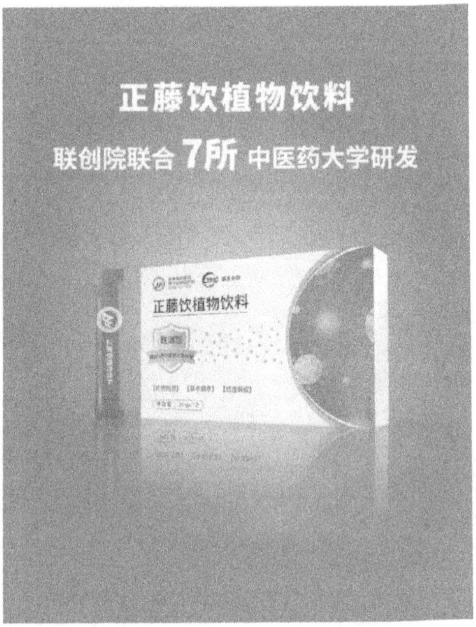

图4-17 正藤饮植物饮料产品宣传图

转化成效：该产品经过上千人使用，用户反馈积极。作为一款专为预防新冠病毒感染而设计的食品级产品，它在新冠防控的整个周期内均展现出了显著的效用，在新冠流行期间凭借其独特的优势与精准的定位极大地满足了市场需求。

4.3.7 龙脑及衍生产品

简介：天然右旋龙脑源自樟科植物的珍贵提取物，既是药效显著的中药材，也是备受青睐的高级香料，被广泛应用于医药、食品及日化等多个行业。洞察到龙脑在营养与食品科学领域的巨大潜力，成果供方科研院所成立了研发中心，致力于龙脑及其相关产品的科技研发与成果转化。项目团队通过长期努力，掌握了龙脑提取纯化、高值加工等核心技术，成功培育出高产天然右旋龙脑良种新资源“梅片树”。同时，项目团队构建了具有自主知识产权的天然右旋龙脑制备装备及综合利用技术专利保护群，有效解决了国内长期以来对天然右旋龙脑进口的依赖问题，实现了高品质右旋龙脑国产化、规模化生产，并推动了龙脑系列衍生产品商业化进程。进一步地，通过明确龙脑及其副产物在化妆品中的功效及作用机理，项目团队针对性开发了30

余款龙脑及其衍生产品，开展了高端龙脑基化妆品原料的开发与推广销售工作。

转化方式：该成果的供方科研院所通过作价入股的方式和需求方合作，建成广东省唯一年产250吨的天然冰片药品GMP生产线。为推动产品市场化进程，该科研院所成立孵化公司，并引入专业的营销团队负责产品宣传和推广。这一举措不仅构建了“研发—生产—销售”的完整商业链条，还通过紧密连接高校、科研人员和企业，促进了产学研深入协同发展。

转化成效：截至2023年，项目团队已累计申请中国专利23项，这些专利紧密围绕天然右旋龙脑提取纯化、包埋改性、高值利用等核心技术展开。项目团队已成功开发出β-环糊精/龙脑包合物、龙脑微乳液、龙脑微针等一系列高端龙脑衍生产品，相关产品在医药、食品、日化等领域得到了广泛应用，创造的相关收入高达8000万元。此外，在社会效益上，相关项目带动梅州帮扶工作取得了显著成效：梅州已建成全国首个天然冰片重点示范基地，拥有广东省南药梅片现代农业产业园；2021年，梅片树年产值达9000多万元，累计产值达5亿元，极大地助推了当地经济发展。

4.3.8 智能机器人停车——“智慧倍停”无人停车场

简介：随着汽车保有量不断增加，“停车难”成为大城市交通中的突出问题。成果供方科研院所在三维成像、智能机器人技术等领域拥有深厚的技术基础，项目团队经过长期研究，首次开发形成智能机器人立体停车整体解决方案。“智慧倍停”是通过智能调度系统，对重载举升型智能停车机器人实行全方位控制，以云计算大数据平台为支撑，实现停车场智能化、立体化、无人化的整体解决方案，能够有效地提升停车场经济效益和用户体验，有效解决“停车难”这一社会问题。

转化方式：在供方科研院所的支持下，项目团队长期进行技术研发，并推动企业孵化，完成相关产品和服务的推广、销售，相关项目获得收益后进一步反哺研究院。

转化成效：科研院所孵化成立的企业已全面开展产品的推广应用工作。“智慧倍停”产品已在大夫山森林公园、广州交投奥体停车场、雄安新区智慧充电站智能机器人停车场、福州闽江之心等多个场景实现落地应用（图4-18）。2024年，该企业荣获广东省“专精特新中小企业”认证。

图4-18　“智慧倍停”无人停车场

4.3.9　AIE现场痕迹勘查箱

简介：在警方的刑事侦查工作中，痕迹检验技术占据重要地位。这项技术通过分析犯罪现场的指纹、足迹等痕迹信息，有效关联犯罪嫌疑人，极大地提高了案件侦破的速度和准确性。成果供方科研院所通过技术自主研发，成功开发出产品AIE现场痕迹勘查箱，该勘查箱由痕迹勘查系列产品组成，包括AIE荧光磁性指纹粉末、AIE潜血显现试剂、AIE指纹喷显悬浮液等。这些产品采用特殊的AIE材料制造，具有荧光亮度高、分辨率高、抗背景干扰等优点，能够在不破坏现场痕迹证据的情况下，快速显现各类现场痕迹，加快公安工作向科学高效化、公安队伍向高精尖化转变的进程。

转化方式：科研院所依托其投资公司开展转化投资，推动AIE磁性指纹粉末系列产品的产业化进程，并进一步交付专业代理公司进行产品的销售推广。

转化成效：成果供方科研院所已与需求方企业开展合作销售，将AIE现场痕迹勘查箱系列产品应用到刑事现场勘查中，帮助警方破获多起案件，应用效果良好，带来超过100万元的经济效益。同时，为进一步拓宽产品销售渠道和扩大成果影响力，该科研院所正积极开拓海外市场，并和该领域相关培训基地、科教场所等合作，持续推动成果转化。

4.3.10　生物气溶胶质谱仪

简介：该成果供方科研院所长期致力于质谱技术研究及相关科学仪器开发，基于该领域长期技术积累和产业布局，开发了生物气溶胶质谱仪。这款仪器配备了宽粒径范围的气溶胶进样系统，能够实时检测单个气溶胶颗粒物的生物荧光特征、粒径尺寸与化学组成，实现对大气环境中生物气溶胶的准确识别与预警。经性能评估测试，产品功能性优于其他同类产品，可广泛应用于卫生监督、重大集会、科研生物安全、无菌环境监测等场景。通过灵活的仪器定制和委托开发服务，该科研院所成功实现了生物气溶胶质谱仪的市场转化，其在实际场景中展现出卓越效果，未来将根据客户需求持续优化产品并拓宽销售渠道。

转化方式：鉴于质谱仪作为高端科学仪器的特殊性，其应用场景广泛且需求多样，覆盖科研、军工、医药等不同领域。在成果转化过程中，该科研院所精准把握市场特征，将产品研发端与市场端紧密结合，采取个性化定制策略，确保每款产品都能精准对接客户需求。除此之外，该科研所还在院所内进行小批量生产和销售转化。

转化成效：该成果供方科研院所通过委托开发的方式，将质谱仪技术转化为实际产品，并与需求方签订购销合同，实现了百万级收入。该产品已被需求方应用在军工等关键领域，有效助力了生物气溶胶检测工作，应用反馈积极。

4.3.11 练江水系连通水环境系统监测与共治技术

简介：广东省练江流域因长期偏重经济发展而致环保滞后，成为广东省内污染严重的河流之一。为应对这一问题，依托省重点研发项目，成果供方科研院所针对练江的微容量、重负荷及多闸站等特征，创新研发了练江水系连通水环境系统监测与共治技术。该技术不仅构建了适用于闸控性河流的污染物通量观测技术方案，还制定了韩江、榕江、练江水系连通水环境系统监测与保障方案，研发了练江海门湾区基于恢复纳潮调度的咸潮与水质预报系统，有效解决了练江水域的污染困境。在此基础上，该科研院所进一步将练江水域污染治理解决方案打造成典范案例，积极将这套治理技术和方案推广应用于其他水体治理和治污项目。

转化方式：该科研院所依托技术创新突破的坚实基础，整合形成了一套整体解决方案，并以练江水域污染治理为样板，通过提供技术服务、技术咨询等方式，推动相关科技成果的应用转化。

转化成效：该技术成果得到广东省内生态环境部门及相关企事业单位的认可和应用，反馈良好。实践证明，该技术成果显著改善了练江包干支流水质——与2018年相比，2019年水质平均状况有明显改善，海门湾桥闸断面水质年均值达到地表水Ⅳ类标准。这一成果得到各部门的充分肯定，实现了环境、经济和社会的共赢。

5 科研院所科技成果转化经验总结

黄埔区重大科技创新平台紧跟政策部署，积极采取措施，不断加强机制创新和实践探索，以推动平台科技成果转化。近年来，黄埔区全力推进高水平科技发展，创新平台经过多年建设，不断取得突破。

本章对黄埔区重大科技创新平台科技成果转化的探索工作进行了提炼，总结了各平台在产学研用融合、金融科技支持、体制机制创新、专业机构建设、收益分配优化等关键问题上积累的宝贵经验，以更好地固化、推广相关实践成果，促进平台科技成果转化工作的深入开展。

5.1　产学研用深度融合，贯通成果转化路径

黄埔区重大科技创新平台深度贯彻产学研用融合，打造“高校－企业－市场”成果转化路径，通过平台共建、课题合作、委托开发等多种形式，加强科技成果转化链条各环节交流合作，形成“基础研究－合作开发－科技金融－成果转化”的完整科技成果转化体系。

5.1.1　贯通上游：高校、科研院所紧密合作

作为成果转化路径的发起端，高校承担着科学研究、技术突破，形成高质量技术供给的关键任务。然而，由于科研人员对市场需求了解不足，或缺乏相应的产业资源，不少高校的研究团队虽然手握先进的技术或科研成果，却无法顺利完成中试熟化，或打破壁垒进入产业化市场。黄埔区各科研院所自成立之初就积极与国内高校建立紧密合作关系。在建设发展过程中，“高校+院所”的技术创新模式有力支撑了科学研究走出象牙塔，将研发力量与产业力量结合，通过围绕产业共同进行技术研发、市场规划等方式，有力推进了高校科研成果的转化落地（图5-1）。

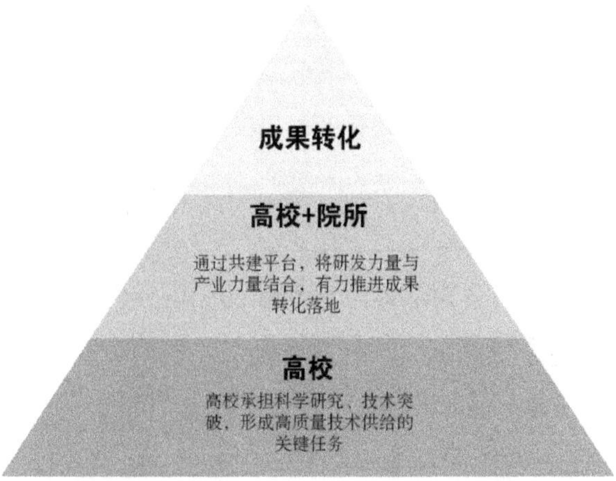

图5-1　“高校+院所”模式实现成果转化

广东省大湾区华南理工大学聚集诱导发光高等研究院（简称“AIE研究院”）聚焦于AIE材料的研发、转化，并与华南理工大学、香港中文大学团队开展深度合作。作为AIE技术领域顶尖研究团队，高校技术专家带领研发团队布局研发项目，推动基础研究和技术突破，并借助AIE研究院的研发中心平台强化市场挖掘能力，通过承接企业需求，开展定制化产品的开发工作，同时通过市场团队接洽海内外销售代理、投资企业等，进一步推广销售成果，孵化公司，推动AIE材料在各个领域实现产业更新迭代。2021年，AIE研究院成立全资子公司广州艾伊科技有限公司，以开展投资转化工作，将研发的AIE磁性指纹粉末系列产品面向公安系统销售，应用到现场刑事勘查中，已助力破获多起案件，而后拓展产品在海外市场和科学实验领域的应用；开发的新型冠状病毒抗原检测试剂盒已与生物医药产业化公司达成合作协议；搭建形成的公共仪器测试服务平台，截至2023年，已对接10余家企业、高校客户，提供了200余个样品超100小时的测试服务，测试服务总收入超过3万元；多个转化成果入选国家科技创新成就展或在创新创业大赛中取得成绩。

中新国际联合研究院以“2+X”模式开展成果转化，“2”代表华南理工大学、新加坡南洋理工大学两所高校，“X”代表多个技术团队，各方联合在研究院内进行成果转化。中新国际联合研究院对两所高校研究团队完成前期接洽、评估后，择优引入有成果转化前景的团队进行培育。通过提供金融服务、搭建研发平台、开展市场化对接等一系列成果转化全流程扶持手段，研究院内研究团队均至少与一家企业实现对接。截至2023年，中新国际联合研究院总启动项目85项，累计签署技术合同94项，技术合同金额达3829.207万元；成功孵化40多家企业，其注册地址均在研究院内。研究院通过全资建立的广州市中星科技发展有限公司对孵化企业投资占股，形成了完善的“高校－院所－企业”成果转化体系。除已成立的1只投资基金外，研究院另有2只投资基金在筹，已筹集社会资金6000多万元，成果转化势头良好。中新国际联合研究院成果转化可持续发展模式见图5-2。

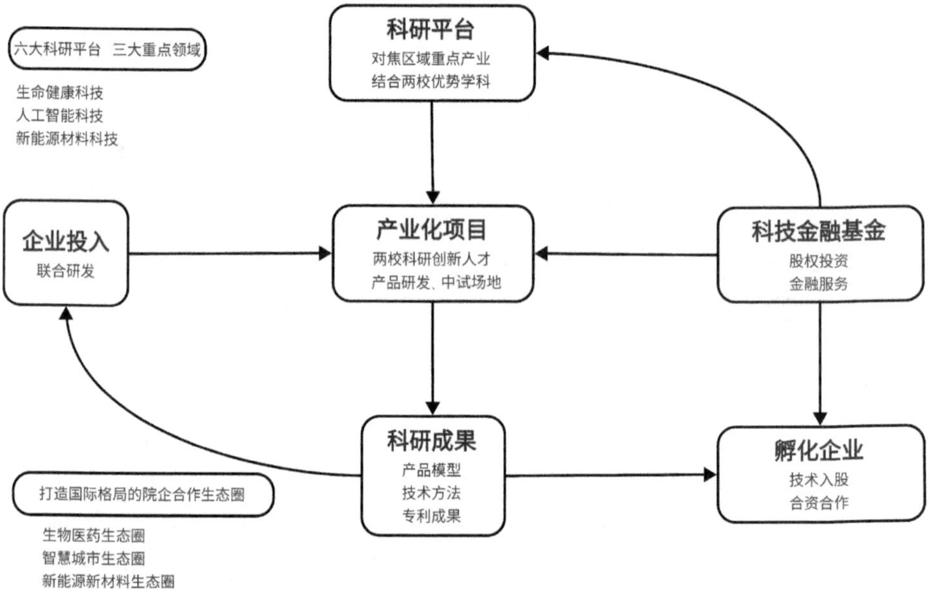

图5-2　中新国际联合研究院成果转化可持续发展模式

与为科研院所的科技成果提供产业化辅助不同，广东省麦思科学仪器创新研究院（简称“麦思研究院”）聚焦合作研发和人才培养。通过设立专门的开放研究基金，麦思研究院面向全国征集研究课题项目，对申请项目择优资助，单项资助额度达5万～30万元。通过课题合作，麦思研究院与高校、科研院所建立了紧密的合作关系和人才培养链条，致力于培育在高端科学仪器领域具有产业化思维的高水平研发人才，持续推进高校与院所、院所与院所之间的技术交流和合作，以丰富麦思研究院科技成果资源供给，提高科技成果供给基数。2022年，麦思研究院开放课题如表5-1所示。

表5-1　麦思研究院2022年度开放课题

序号	名称	申请人	单位
1	同步辐射X射线质谱成像仪	李玉锋	中国科学院高能物理研究所
2	周期性截止超高频正弦波射频电源	朱辉	阜阳师范大学
3	用于高分辨傅里叶变换质谱仪的低噪声电荷放大电路研究	吴焕铭	宁波大学
4	质谱流式的构建及其在高通量单细胞脂质组学分析中的应用	杨运云	广东省科学院测试分析研究所（中国广州分析测试中心）
5	基于质谱技术开发早期快速无创真菌性角膜炎泪液诊断模型	袁进	中山大学中山眼科中心
6	基于高分辨质谱的新污染物非靶向筛查技术研究	胡立新	华南师范大学
7	水体和大气易挥发有机物预富集装置联用便携式质谱仪应用研究	张麋鸣	自然资源部第三海洋研究所
8	基于单颗粒质谱的典型城区含铁颗粒物混合态及来源解析研究	吴晟	暨南大学质谱仪器与大气环境研究所

5.1.2　拓展下游：企业市场需求导向

科技成果转化的本质是科学技术供给与市场需求的对接匹配。企业作为科技成果转化的需求主体，直接决定了科技成果转化的成效，而符合市场需求的新技术、新产品自然拥有良好的产业化前景，能够获得市场提供的转移转化渠道支持。因此，根据企业市场的实际需求进行精准转化，实现经济效益最大化，是解决科技成果转化效率低下问题的根本方法之一。黄埔区科研院所发挥新型研发机构的优势，围绕市场需求，逐步探索出具有自身特点的成果转化方式，通过建立院企合作体系、明确技术应用场景，形成需求导向型的科技创新、成果转化模式。

广东粤港澳大湾区黄埔材料研究院（简称“黄埔材料院”）与企业密切合作，将科研院所平台的科研能力、人才吸引能力与企业的市场化能力有机结合，一方面探索建立“研发外脑”新模式（图5-3），另一方面积极开展产业服务。“研发外脑”是突破企业高端人才“用人难”瓶颈的关键解决方案——当前成长型企业的研发痛点在于：技术储备跟不上企业发展需求，难以吸引到行业内的研发领军人才，科研技术人才流失现象普遍，导致企业核心竞争力下降；而黄埔材料院作为中国科学院长春应用化学研究所发展布局框图中的南部核心，依托大院大所的科技纵深和研发平台，能够为企业匹配新材料各细分领域的高素质人才，且具备完整的研发管理体系。通过共建研发中心，黄埔材料院与企业从供给侧和需求侧双向发力：院所提供人才和平台、企业提供经费和需求，打通科技成果转化路径（图5-4）。

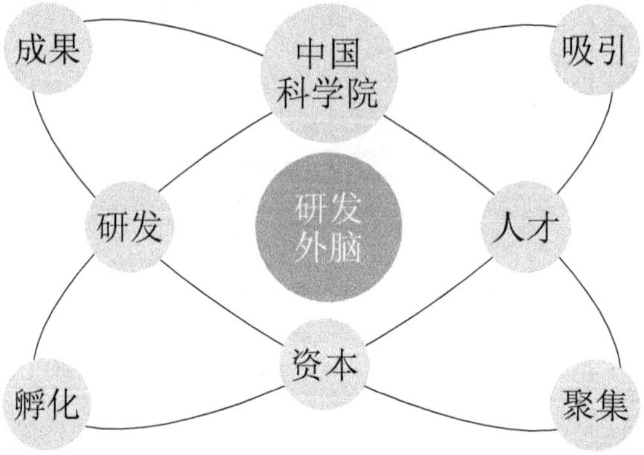

图5-3　“研发外脑”发展模式

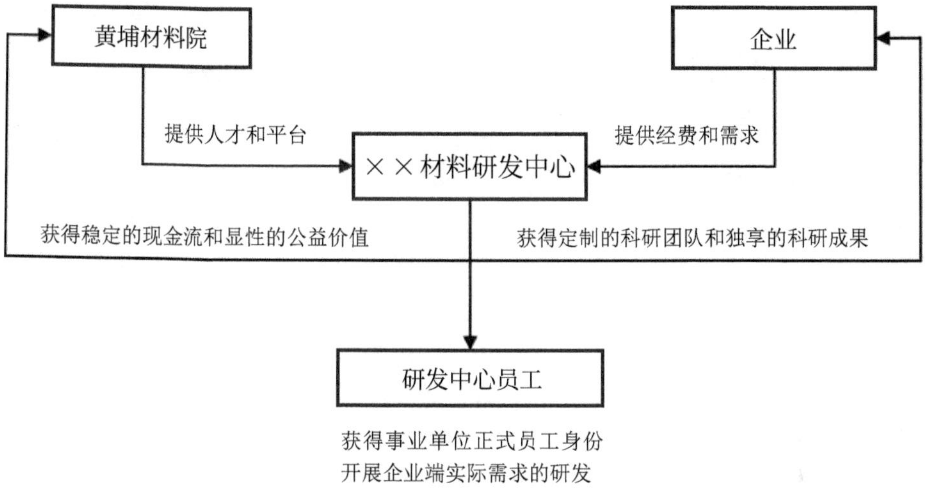

图5-4 研发中心共建模式图

“研发外脑”这一院企合作机制，有效推动企业将研发总部落户黄埔材料院，同时依托产业化人才实现科研产业化。该机制已成功引进多个项目总经理，形成芯片化学材料中心、火安全材料中心、功能湿化学品中心三大研发中心，与广州众山精密科技有限公司共同成立先进材料联合实验室，着力将其打造为国家级实验室。

在产业服务上，黄埔材料院与芯片产业链“链主”企业粤芯半导体技术股份有限公司（简称“粤芯半导体”）联合成立芯片制程关键材料联合研发中心。该中心主要承担芯片制程关键材料的关键技术研发、应用技术开发、制程工艺技术开发与测试验证等工作，充分整合黄埔材料院在新材料设计合成、规模化制备等方面的技术积累，以及粤芯半导体在芯片制造方面深厚的产业基础，合作突破一批“卡脖子”技术，推动产业公司落地。

麦思研究院聚焦以质谱技术为主线的高端科学仪器领域，其下游用户包括政府单位、科研院所、高校、企业和第三方检测公司等，广泛分布于包括食品、制药、环境、化工、科研与教育等国民经济领域。由于下游用户的需求有较大差异性，对科学仪器的研发制造、行业产品有着多样化、个性化要求，麦思研究院在成果转化中与下游用户紧密联系，明确产品应用场景和需求市场，实现快速转化应用。由于行业特殊性，麦思研究院的科研团队主动与市场直接对接，吸引下游企业入驻麦思研究院大楼，其科技成果多通过委托开发、需求单位定制等方式在院内完成销售转化。

5.2　精准提供金融支持，助力技术加速落地

科技成果转化的过程需要大量的资金投入，通过金融资金的精准赋能产业，最大限度地发挥金融系统的资源配置功能，有助于架起科技成果和市场产品之间的联通桥梁。随着相关政策法规落实，以及财政和社会资本支持力度的加大，投资市场对科技成果转化项目的关注度也明显提升。科研院所通过创建投资公司、设立投资基金，高效运作金融资本，对院所科技成果转化项目实施精准投资并赋予优先权，能够有效加速技术产业化落地。

这类创投资金兼具盈利性和公益性，与相关科研院所的成果转化工作紧密关联：一方面，能够在成果转化早期，项目风险较高的阶段，给予项目直接的资本帮扶，弥补市场化投资机构倾向于投资风险更小、盈利更易、成效更快的成果转化中后期项目的缺陷，在成果转化最困难的阶段给予项目必要的资金支持；另一方面，以资金运作为抓手，引导社会资本投入科技成果转化项目，通过加入投资基金、企业融资等方式，推动金融“活水”向科技成果转化项目集聚，扩大投资规模，共同推动科技成果转化。

中新国际联合研究院通过全资设立广州市中星科技发展有限公司，发起设立广州力华中星创业投资基金，为企业提供融资支持和配套金融服务。依托市场创新孵化管理机制，通过风险投资、科技成果入股、融资上市等方式，中新国际联合研究院培育了一批高科技初创企业集群。截至2023年，累计孵化企业40多家，其中包含2家国家级专精特新企业、7家高新技术企业，覆盖人工智能、信息技术、生物科技、食品、交通运输等多个行业，创造超500个就业岗位，为科研项目的市场化运作提供巨大支持。2022年，孵化企业新增国家级专精特新“小巨人”企业1家、国家级高新技术企业4家、广东省科技型中小企业2家、创新型中小企业3家，企业规模实现连年稳步增长（图5-5）。

图5-5　创投基金推动成果转化

清华珠三角研究院同步开展应用技术研发、高新企业孵化、创新创业投资，构建了科研和资本运营深度融合的技术创新体系（图5-6）。其创建的产业化运营平台——广华创业投资有限公司（简称“广华创投”），以清华珠三角研究院的研发平台为支撑，充分运用自有资金、社会资本和政府产业基金，引领应用科技项目创业投资，支持产业化公司建设，开展产品规模化生产、开发和市场推广销售，为技术成果打通市场需求渠道（图5-7）。截至2023年，清华珠三角研究院已投资初创企业近50家，投资总额3.8亿元，撬动社会资本投入超41.8亿元，项目团队及企业获得省部级以上创新创业大赛奖励20余项。此外，清华珠三角研究院采用市场化运作模式构建孵化服务体系，为企业提供场地、科技、金融资本、企业运营等孵化服务，直接管理与合作管理企业创新孵化载体达10万多平方米，在建创新载体近14万平方米，累计孵化企业900多家，其中高新技术企业60余家。

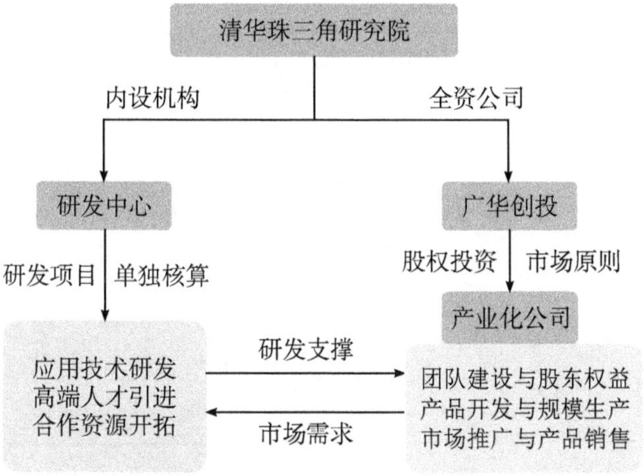

图5-6　科研和资本运营深度融合的技术创新体系

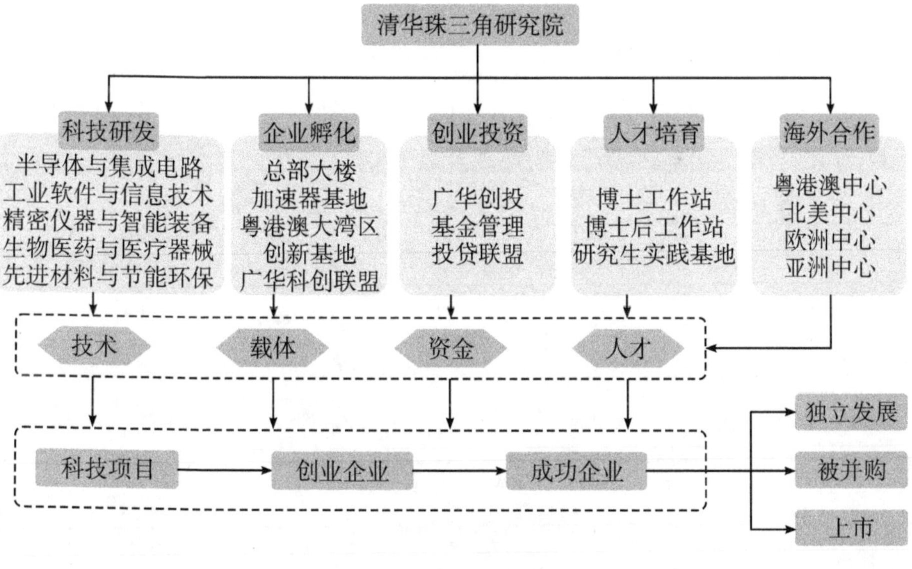

图5-7　清华珠三角研究院科技成果转化体系

黄埔材料院于2020年成立全资子公司黄埔新材（广东）科技有限公司，该公司作为黄埔材料院投资平台开展成果转化投资活动，并于2023年设立黄埔新材（广东）产业投资基金。截至2023年，黄埔材料院已孵化15家企业，获得外部投资超10亿元（图5-8）。

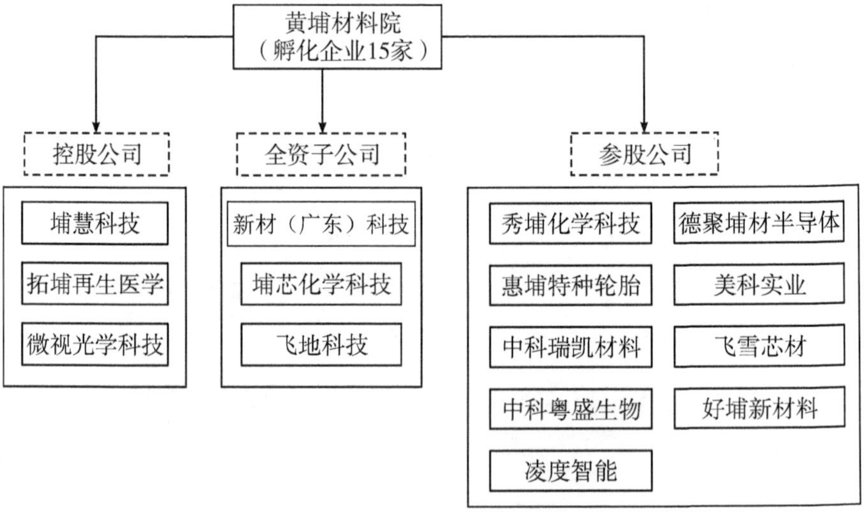

图5-8　黄埔材料院孵化企业总览

浙江大学华南工业技术研究院（简称“浙大华南院”）参与设立了广东浙大华南创新基金。这是第一只由浙江大学冠名的非教育类基金，也是第一只浙江大学在广东设立的创新创业基金，该基金成为浙大华南院产学研成果转化体系的重要组成部分。浙大华南院通过创新基金运作，推动科技成果产业化，截至2023年扶持孵化30余家企业，累计产值超12亿元。其中5家企业获得外部投资，有高新技术企业9家，专精特新企业3家。孵化企业中，不乏广州达泊智能科技有限公司这类经历了长时间转化发展的企业，该企业核心技术团队为2013年首批入驻团队之一，通过开发泊车智能机器人成功实现成果转化，在智能机器人立体停车技术领域实现突破。

广东人工智能与先进计算研究院成立了广州中科广智科技投资有限责任公司，以此为投资平台支持该院所技术成果转化，形成产业孵化公司，已孵化中科星达、芯跳科技、中科逐影、令箭科技、念君科技等多家企业，业务覆盖工业互联网、先进计算、运动影像、无人系统、虚实融合等领域。其中，芯跳科技（广州）有限公司通过了国家“高新技术企业”认定，截至2023年企业订单金额超3000万元。

5.3　创新体制机制，优化成果转化管理

科技成果的转化效率和积极性受其管理体系影响，建立合理的科研管理与成果转化组织模式，最大限度地发挥管理部门在成果转化中的综合作用，创新成果转化管理体制机制，有助于引导科技成果面向产业市场，加速科技成果与市场对接。国外高校及科研院所普遍通过设立技术转移办公室负责成果转移转化，并创新成果转化评价与考核制度，有效提升了技术转让数量、孵化企业数量等。2020年以来，国家通过出台《关于完善科技成果评价机制的指导意见》《“十四五”技术要素市场专项规划》《关于进一步推进高等学校专业化技术转移机构建设发展的实施意见》等一系列政策，大力发展科技成果市场化评价，发挥金融投资在科技评价中的作用，鼓励高校及科研院所建立负责科技成果转化和技术转移的部门和机构，以此推动科技成果转化评价、管理体制机制的创新。在内部的成果转化管理、评价上，黄埔区科研院所双管齐下：一方面设立成果转化部门或调整管理部门职能，强化科技成果转化服务；另一方面创新成果转化评价与团队考核方式，激发成果转化活力。

中新国际联合研究院设立了技术创新部和发展经营部（图5-9），在日常实验室管理、产业化项目管理基础上，为技术团队提供一系列成果转化服务，包括企业孵化、资质申报、投融资等，全流程“陪跑”技术团队，赋能成果转化。

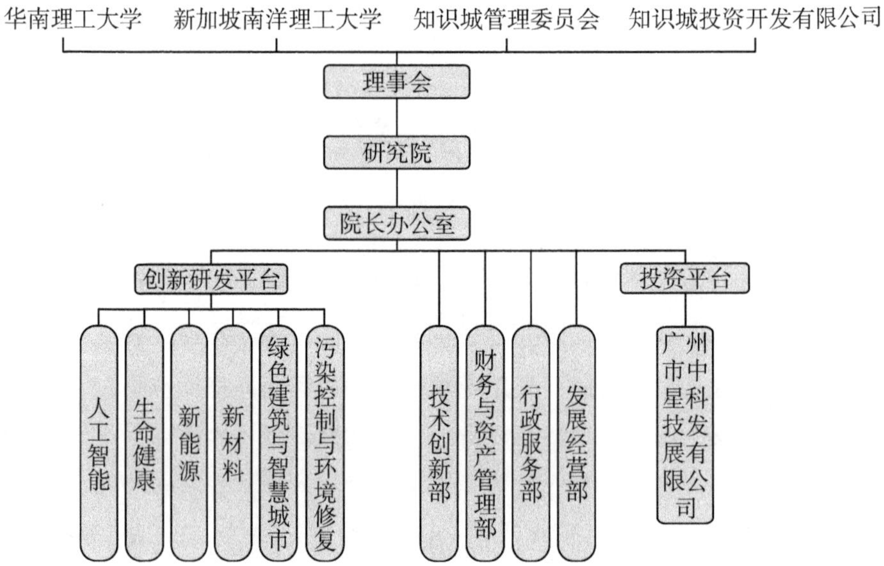

图5-9　中新国际联合研究院创新管理体制

生态环境部华南环境科学研究所（简称“华南环科所”）设立了技术咨询部，专门负责成果转化、横向项目管理。作为从事综合性生态环境科学研究的公益性科研机构，华南环科所将科研课题成果提炼成解决方案，对外提供技术服务，通过政府委托、采购或签订战略合作协议等方式与市场对接，其业务领域涵盖污染防治、生态环境保护等。技术咨询部制定了相关办法，以项目团队为单元，对项目经费、绩效、合同等一系列事务进行全方位管理，并建立了逐级审批的质量控制体系，保障项目完成质量；同时通过制定成果转化收益分配制度，鼓励项目团队积极与市场对接。通过全方位、全流程的引导和管理，华南环科所在2015年政策改革后，实现了业务量和收入的大幅度增长，保障了院所成果转化的质量和数量。

黄埔材料院自2022年起在院内全面推行“赛马制”，对科研团队进行量化指标评价、公开排名，倒逼科研团队比学赶超。黄埔材料院选取财务指标、人才指标、工作亮点、知识产权四个维度，分别赋予50%、20%、20%、10%的权重，对院内科研团队进行考核，其考核结果与团队每年运营经费和年终绩效考评挂钩，鼓励团队积极吸纳外部投资，寻求媒体曝光，布局知识产权侵权预警机制与风险监控机制并建设人才队伍，以适应市场对成果产业化的要求。“赛马制”实行以来，“头马”示范作用明显，不仅提升了各团队的内部凝聚力和战斗力，还获得了市场的高度认可。例如，其中的一个团队与上市企业在黄埔区合资成立了广州飞雪芯材有限公司，推动了项核心技术顺利实现产业化，累计获得企业投资超3000万元。与此同时，黄埔材料院同步推行“揭榜挂帅”制度，鼓励院内团队承接企业技术需求。例如，东莞市德聚胶接技术有限公司发布光刻胶相关项目产业技术研发和产业化难题后，黄埔材料院芯片化学材料中心团队揭榜，双方联合成立广州德聚埔材半导体技术有限公司，推进光刻胶相关技术成果应用落地，项目投资金额达2亿元。

5.4 搭建技术转移机构，组建专业转化团队

技术转移机构是指为实现和加速技术转移、转化提供各类服务的机构，其专业化、市场化、规范化发展是我国科技成果转移转化的关键路径。搭建聚焦于行业或专业领域的高标准技术转移机构，运用机构积累的跨界知识和能力，使用专业的方法和工具，有效串联科技成果和产品市场，在行业资源整合的基础上，对接资源和市场，实现成果转化。

广东省新黄埔中医药联合创新研究院（简称“联创院”）与高校、研究院、医疗机构联合构建医疗科技成果转化体系，激发相关科研院所、机构的创新活力。作为由20家高校、研究院联合共建，广东省科技厅主管的新型研发机构，联创院为有产业化潜力的项目提供了概念验证、研发改进的工程化平台，辅助项目开展小试、中试和注册认证等，以填补概念性科技成果与产业化之间的技术空白。同时，联创院投资设立了市场化的成果转化公司——联医合创（广州）科技有限公司（简称“联医合创”），开展项目孵化运营、产业投资等活动，并为成果已成熟的转化项目提供商业模式设计、企业管理咨询等服务，完成成果的自行孵化转化。一方面，联医合创通过投资活动，以投资项目公司的方式，辅助产品的营销推广，助推了针灸诊疗单元等科技成果的转移转化；另一方面，联医合创专业团队直接对科技成果实施成果转化运营，形成销售产品，并通过投资合作连接市场，有效整合中医药产业行业研究及行业资源，助推了正藤饮植物饮料等产品的转化上市。

5.5 健全收益分配制度，激励科研团队成果转化

科技成果转移转化的权利配置是科研院所政策关注的焦点问题。《中华人民共和国促进科技成果转化法》《国务院关于实施〈中华人民共和国促进科技成果转化法〉若干规定》《广东省促进科技成果转化条例》等法律和政策文件中均明确，需对完成和转化职务科技成果作出重要贡献的人员予以奖励。2023年6月，广州市政府常务会议审议通过了《关于促进新型研发机构高质量发展的意见》，鼓励新型研发机构建立健全科技成果收益分配激励制度，积极输出技术和知识产权等科研成果，并明确科技成果转化净收入、科技成果形成的股份70%以上可以奖励给科技成果完成人（项目团队），5%以上可以奖励给为成果转化作出贡献的个人。为响应国家和省市政策，黄埔区科研院所通过明确对成果转化贡献人的奖励标准，提高相关人员内驱力，调动科研院所科技成果转化的积极性。

黄埔材料院制定了《广东粤港澳大湾区黄埔材料研究院科技成果转化管理办法》，试行《科研团队项目资金支持办法（暂行）》，明确将完成科技成果转化获得的净收入和作价投资所得股份的70%奖励到项目团队。此外，院内对获得外部投资的项目按比例匹配相应的资金，即市场认可度越高的项目，在院内获得的支持力度就越大，以此鼓励项目团队将科技成果积极对接市场。

此外，广东人工智能与先进计算研究院将成果转化成果转化收益的85%以股权形式奖励给项目团队。中新国际联合研究院将成果转化收益的70%以资金等形式奖励给项目团队。华南环科所制定了《科技成果转化管理办法》，按照“院所一中心一项目团队”的管理体系，规定专利转化收入按2：1：7的比例分配（图5-10）。通过制定、落实各类收益分配制度，为创造转化收益的

人员给予经济奖励，认可其转化工作的价值，激励成果发明人和团队努力投身科技成果转化创新，有效推动科研院所成果转化工作，充分发挥转化收益分配制度的激励效果。

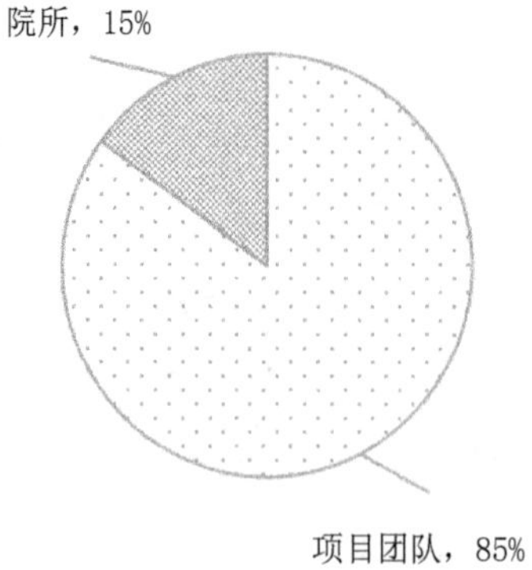

（a）广东人工智能与先进计算研究院

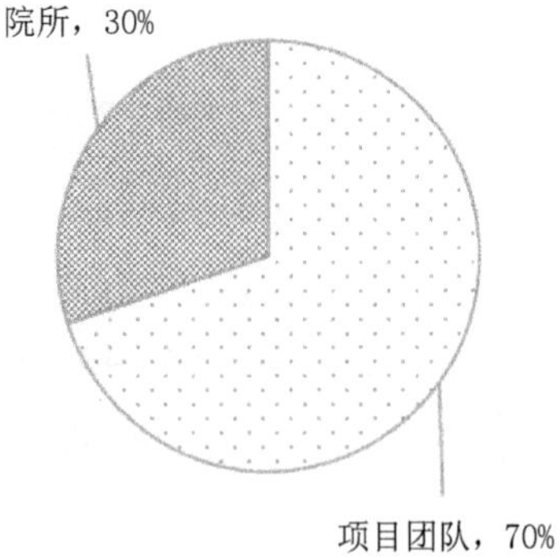

（b）黄埔材料院、中新国际联合研究院

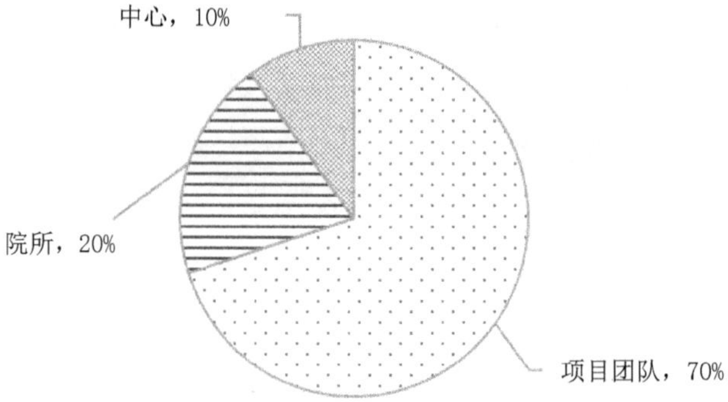

（c）华南环科所

图5-10　科研院所成果转化收益分配模式

6 科研院所科技成果转化发展建议

6.1 科研院所科技成果转化面临的问题

6.1.1 机制方面

（1）平台机制不完善

科研院所科技成果转化途径常为科研人员主动联系接洽企业，或企业通过授权专利网站查询联系科研人员。转化链条中各方主体仍处于较为独立的状态，有效的科技成果转化平台和中介服务机构的缺乏导致科技成果与市场需求之间信息不对称，资源未能形成有效衔接。转化体系不健全，加上科研人员精力有限，导致专利转化价格通常不高，从而影响了成果转化积极性。

（2）协同机制不健全

科研院所与企业、高校等创新主体之间的协同合作不够紧密，缺乏有效的沟通机制和合作模式。这导致科技成果在转化过程中容易出现“孤岛”现象，难以形成跨主体合力。在实施科技成果转化时遇到的问题，往往不是一个部门能够单独解决的，缺乏跨部门的政策落实协同机制。

（3）激励机制不完善

科研院所内部评价考核机制有待优化，现有激励机制往往侧重于科研项目立项、论文发表和专利申请等方面，而对科技成果转化的实际贡献缺乏足够的认可和奖励。

6.1.2　人才方面

（1）人才结构不合理

虽然科研院所引进了大批高学历的优秀人才，但现有人才引进政策过于注重职称和学历，忽视了实际能力和产业化经验，导致团队中可能缺乏具备产业化能力和市场洞察力的复合型人才。

（2）高层次人才引进难

科研院所的薪酬待遇、工作环境等方面与企业相比缺乏竞争力，导致高层次人才引进难度较大，制约了高技术成果的转化落地。

6.1.3　制度方面

（1）转化流程复杂

科研院所科技成果的转化流程往往较为繁琐，涉及多个部门和环节的审批和备案。这不仅增加了科技成果转化的时间成本，还可能因政策不一致或执行不力导致转化进程受阻。

（2）资产处置权不清晰

部分科研院所属于国有企业，其科技成果的转化涉及国有资产评估和处置问题，但现有国有资产评估和备案管理规定较为严格和繁琐，导致科技成果转化进程被拖延或受阻。

6.1.4　市场方面

（1）科技成果与市场需求脱节

部分科研院所在科技成果研发过程中过于注重理论创新而忽视市场需求，导致科技成果与产业实际应用脱节，难以被市场接受和应用。

（2）市场需求不明确

部分科技成果过于前沿或保守，无法满足市场的实际需求，或者市场需求尚未形成，这增加了科技成果转化的难度，也导致了转化质量不高、转化效率较低等问题。此外，企业常常对新技术的使用抱有疑虑，在盈利前提下，极少数企业愿意试用新技术或新成果，这严重打击了科研人员的积极性，影响了科技成果的落地。

6.1.5 其他难点

（1）资金匮乏

科技成果转化需要资金支持，但一些科研院所面临资金匮乏的问题，导致无法进行有效的市场推广和产业化应用。

（2）法规政策不完善

部分地区对科技成果转化的法规政策不完善，缺乏相关政策的引导和激励，使得科技成果转化难以得到有效的政策支持。另外，现有政策的普及和落实也存在一些问题。

6.2 科技成果转化发展建议

总体而言，科研院所科技创新和成果转化体系已日趋成熟，然而在科技成果管理、技术要素配置、成果产业化服务等方面的实际操作上，仍存在一些问题，导致成果转化效率、效果未达预期，大量成果的转化潜力尚未得到发挥。面对创新驱动发展的新形势，应围绕科技成果转化核心问题，加强全局统筹，广泛调动各方力量，推动科技成果高质量转移转化。

一是加强科技成果管理能力建设，建立科技成果全生命周期管理评价体系。当前各科研院所虽在成果研发上投入较大，但成果评价、管理能力较弱，导致大量成果信息未得到有效识别和挖掘，且管理部门难以统筹规划成果转化的发展战略。因此，需加强科技成果的统一管理。在科研院所层面，建立院所内部科技成果转化全流程管理制度，明确归口管理部门，形成内部管理办法，特别是成果登记和报送、成果信息更新、知识产权盘点等方面；建立科技成果与项目评价体系，通过监控成果研发转化进度和项目实施效果，助力可转化科技成果的快速筛选，并科学分析、预测其市场化发展前景。在政府管理部门层面，建立适用于科研院所科技成果的评审评价体系，开发适应成果转化规律的科技成果评价模型，针对不同成果类型、行业领域、评价目的形成差异化评价方法，制定科技成果评价规程，并面向各院所开展宣贯培训，强化院所科技成果管理能力；形成覆盖科研院所科技成果全生命周期的登记、评价管理机制，长期、持续地跟踪各院所的成果研发和转化情况，形成动态的“一院一档”科技成果数据库，记录成果技术状态、市场化情况及其技术发展和产业化需求，通过统一的科技成果评估、管理，及时掌握院所现有技术储备及成果状态，了解相关孵化企业发展现状，统筹院所成果转化项目的挖掘和发展布局工作。

二是创新运用工具，建立科技成果信息发布机制。科技成果与产业的融合、对接一直是科技成果转化的重要问题，当科技成果根据市场需求进行转化时，才能实现转化效率、效益的最大化。建立科技成果信息发布机制，旨在高效、公开地披露成果信息，畅通科研和产业的对接渠道。因此，应推动建立科研院所科技成果发布对接平台，通过信息化手段开展成果数据登记、信息披露和相关业务指导，实现科技成果评价组织、材料审查、信息查询、成果推介、资源匹配等科技成果转化全过程信息化服务；鼓励科研院所与现有成果发布平台进行链接，利用平台开展成果路演、推介等活动。同时，结合大数据、人工智能等技术，建立产业数据库，鼓励院所与产业资源共享共通，促进跨领域、跨业界的联系交流，推动技术需求和产业资源、专业服务的精准匹配；辅助合适的院所平台和企业机构深度对接，实现双向的技术需求挖掘，有效简化双方在技术需求挖掘、项目征集和市场调研上的工作，以此营造良好的技术要素市场化配置生态，提高科技成果转化效率和成功率。

三是完善科技成果转化链条，提升成果产业化服务能力。成果熟化、产业化是系统、复杂的工程，需要专业化、市场化服务保障，然而，当前中试能力、专业化技术转移能力仍制约着科技成果的转化发展。一方面，中试环节作为基础研究到产业应用的承上启下环节，是科技成果跨越成果转化“死亡之谷”的核心环节，对科技成果产业化意义重大。在平台层面，各科研院所作为科技成果转化的主体，具有强烈的中试能力建设动机和意愿，应保持与相关研发机构、高校等长期的合作沟通，明确相关领域基础能力，评估现有中试基地功能及供需错位情况。同时，提出中试基地搭建需求和方案，积极开展已有中试平台的开放共享和能力建设，加强对相关产业的支撑服务。在政府层面，围绕科研院所重大科技创新平台不同领域的成果中试熟化需求，针对单个院所由于规模、实力等限制较难独立完成中试基地建设的痛点，统筹整合各建设主体的优势资源，推动建设多主体协同的中试基地，并在中试基地提供产品检验检测、质量提升、稳定生产等方面的服务，以此构建中试平台集群，推动中试基地开放共享，解决院所科技成果在大规模量产前的中试放大、工艺验证等关键问题。另一方面，应提升技术转移专业化服务能力，大力发展专业化技术转移机构。科研院所可根据其成果转化实际需求，与知识产权服务机构、咨询机构等服务机构合作，建设成果转化服务平台，形成专有的成果转化组织或机构，强化项目孵化运营、知识产权管理、产业投资等成果转化专业化能力，培养特定领域或产业的技术转移专业人才，搭建完善的院所成果转化体系；政府相关部门应推动专业机构的创建和发展，鼓励相关知识产权机构、投融资机构等拓展成果转化的业务服务；同时，大力培育技术转移人才，建立专业化的技术转移人才培养、评价、考核体系；推动技术经理人介入科技成果转化的实际流程，使相关机构在实际操作中提高服务能力，并形成平台科技成果转化的专业化、市场化服务能力；消除承担基础研究的科研人员在成果转化上的后顾之忧；助力院所成果转化流程专业、高效和精准推进，实现科技成果的高质量转化和可持续发展。